U0306713

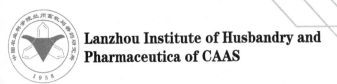

Lanzhou Institute of Husbandry and
Pharmaceutica of CAAS

中国农业科学院
兰州畜牧与兽药研究所
创新团队综合评价分析

◇◇◇◇ 孙 研 张继瑜 曾玉峰 主编

中国农业科学技术出版社

图书在版编目（CIP）数据

中国农业科学院兰州畜牧与兽药研究所创新团队综合评价分析／孙研，张继瑜，曾玉峰主编 . —北京：中国农业科学技术出版社，2019. 12

ISBN 978-7-5116-4534-0

Ⅰ.①中…　Ⅱ.①孙…②张…③曾…　Ⅲ.①畜牧业-研究所-概况-兰州②兽用药-研究所-概况-兰州　Ⅳ.①S8-242. 421

中国版本图书馆 CIP 数据核字（2019）第 275430 号

责任编辑	闫庆健　王思文　马维玲
责任校对	马广洋

出 版 者	中国农业科学技术出版社
	北京市中关村南大街 12 号　邮编：100081
电　话	（010）82106632（编辑室）　　（010）82109702（发行部）
	（010）82109709（读者服务部）
传　真	（010）82106625
网　址	http://www.CASTP.cn
经 销 者	各地新华书店
印 刷 者	北京建宏印刷有限公司
开　本	710mm×1 000mm　1/16
印　张	13　彩插　4 面
字　数	233 千字
版　次	2019 年 12 月第 1 版　2019 年 12 月第 1 次印刷
定　价	50. 00 元

前　言

　　中国农业科学院科技创新工程自2013年正式启动实施以来，在体制机制、人才建设、科技创新、科研条件、国际合作等方面均取得了显著成效。中国农业科学院兰州畜牧与兽药研究所作为我国最早开展畜牧兽医研究的综合性科研机构之一，面对新时期农业科技发展的新形势和新任务，对标"三个面向""两个一流"总体要求，仍存在不少差距。中国农业科学院科技创新工程的实施，为研究所科技事业的新发展提供了良好契机。在科技创新工程的支持下，研究所积极行动，先行先试，从完善管理制度、调整学科布局、凝练学科方向、梳理重点任务、培育重大成果、引育优秀人才、建设平台基地、优化科研环境等方面全面入手进行了一系列重大改革，着力构建学科布局合理、功能齐全、运转高效、支撑有力的新型科技创新体系，探索现代畜牧兽医科技创新路子，提升研究所在新兽药创制、草畜新品种培育、中兽医和临床兽医学等学科领域的整体创新能力，实现研究所跨越式发展，努力为我国畜牧兽医科技的发展做出基础性、战略性、前瞻性的创新贡献。

　　本书主要从研究所基本情况、科技创新工程实施总体情况、创新团队总体情况、创新团队总体进展、创新团队科研成果、创新团队评价分析、主要做法和体会、存在的主要问题和建议、下一步调整思路与举措等方面阐述研究所自科技创新工程实施以来取得的成效，意图为更好实施科技创新工程提供借鉴和参考素材。由于编者水平有限，疏漏和不当之处在所难免，敬请读者指正。

编　者

2019年10月于兰州

目　　录

在中国农业科学院党组的坚强领导下，研究所领导班子带领广大职工认真学习党的"十八大"、十八届三中、四中全会文件和习近平总书记系列重要讲话精神，紧紧围绕现代农业科研院所建设行动，解放思想，开拓创新，抢抓机遇夯基础，创新工程促发展，以研为本，科技创新能力明显提高，综合发展能力明显增强，职工生活水平明显改善，全所呈现出和谐发展的新局面。

第一章 研究所基本情况

  1946 年，国民政府在兰州市小西湖成立我国第一所国立兽医学院，我国第一位畜牧兽医学部委员（院士）盛彤笙先生为首任院长。1954 年，中国科学院筹建西北分院，盛彤笙先生任筹备处副主任，并设立兽医研究室。1957 年，中国农业科学院成立，中国科学院兽医研究室被整体划归中国农业科学院西北畜牧兽医研究所。1958 年，经国务院科学规划委员会批准，以中国农业科学院西北畜牧兽医研究所兽医研究室为基础，在国立兽医学院原址成立中国农业科学院中兽医研究所。1970 年至 1978 年下放甘肃省，更名为甘肃省兽医研究所。1978 年，由中国农业科学院西北畜牧兽医研究所畜牧研究室、养羊研究室和牧草饲料研究室整合，成立中国农业科学院兰州畜牧研究所，所址与中兽医研究所同一大院。1997 年，经中编办、农业部批准，中国农业科学院中兽医研究所与中国农业科学院兰州畜牧研究所合并成立中国农业科学院兰州畜牧与兽药研究所，成为涵盖畜牧、兽医、兽药、草业四大学科的综合性农业科研单位。2002 年，研究所被科技部、财政部、中编办等三部委确定为非营利性科研机构。2007 年，研究所在全国农业科研机构综合科研能力评估中进入百强行列。2011 年，在"十一五"全国农业科研机构科研综合能力评估中，研究所排名全国第 44 名、中国农业科学院第 11 名、甘肃省第 1 名、全国专业第 4 名和全国行业第 4 名。

  目前研究所主要从事畜禽资源与育种、牧草资源与育种、动物营养、动物疫病、中兽医、兽用药物等应用基础研究和应用研究。设有畜牧研究室、兽药研究室、中兽医（兽医）研究室、草业饲料研究室 4 个研究部门。办公室、科技管理处、条件建设与财务处、党办人事处、基地管理处和后勤服务中心 6 个支撑服务部门。

  研究所现有在职职工 176 人，其中离休职工 5 人、退休职工 171 人。在职职工中，有研究员技术职称 21 人，副研究员技术职称 51 人；博士后 2 人，博士 42 人，硕士 58 人；博导 9 人，硕导 23 人；国家公益性行业专项首席科学家1人，国家支撑计划项目首席科学家1人，国家兽药审评专家委员会专家6人，国家畜禽遗传资源委员会委员1人，国家现代农业产业技术体系岗位科学家5人，国家有突出贡献中青年专家2人，国家百千万人才2人，农业部突出贡献专家1人，甘肃省优秀专家3人、领军人才2人。1人被评为新中国成立60周年"三农"模范人物，3人荣获"新中国60年畜牧兽医科技贡献奖"。1人选农业农村部"农业科研杰出人才"；2人入选国家"百千万人才工程"并获"国家有突出贡献中青年专家"称号，1人被评为农业农村部"农业科研杰出人才"，1人荣获第十二届中国青年科技奖，1人被评为"全国优秀科技工作者"，2人被评为"全国农业先进个人"。

所部占地95亩（15亩＝1hm²，全书同）。现有2个综合试验基地：大洼山综合试验基地位于兰州市七里河区，距所部8km，建于1984年，占地2368亩；张掖试验基地位于甘肃省张掖市甘州区党寨镇（张掖国家绿洲现代农业示范区内），距市区8km，建于2001年，占地3 108.72亩。研究所现有各类科技平台24个。

在农业农村部、科技部、中国农业科学院和甘肃省的支持下，研究所紧紧围绕国家发展需求，自觉面向经济建设主战场，先后承担科研课题1 670余项，获奖成果208项，其中国家奖12项，省部级奖159项；获得授权专利1 125件，其中美国发明专利1件，中国发明专利188件，实用新型专利930件，外观专利6件；授权软件著作权60件；发表论文6 271篇，SCI收录230篇，编写著作261部；培育畜禽新品种5个，牧草新品种10个；创制国家一类新兽药4个，获新兽药、饲料添加剂证书77个；制订国家及行业标准46项。研究所是中国毒理学会兽医毒理学专业委员会、中国畜牧兽医学会西北病理学分会、西北中兽医学分会、全国牦牛育种协作组挂靠单位。研究所与德、美、英、荷、澳、加等国的高等院校和科研机构建立了科技合作交流关系。编辑出版《中兽医医药杂志》和《中国草食动物科学》两个全国中文核心期刊。

第二章 科技创新工程实施总体情况

2013 年，中国农业科学院科技创新工程正式启动实施。研究所抢抓机遇，动员全所力量，凝炼学科、组建团队、构建管理新模式，3 次撰写《中国农业科学院兰州畜牧与兽药研究所科技创新工程申报书》，最终 8 个创新团队先后入选院科技创新工程第二批、第三批试点，分别是牦牛资源与育种、奶牛疾病、兽用天然药物、兽用化学药物、兽药创新与安全评价、中兽医与临床、细毛羊资源与育种和寒生旱生灌草新品种选育。上述创新团队进入院创新工程，为研究所稳定、快速发展提供了难得的历史性机遇，也为建设世界一流研究所奠定了坚实的基础。

第一节 研究所进入院科技创新工程的必要性

1. 科技创新试点工程是研究所实现跨越式发展和建设世界一流研究所的迫切需要

中国农业科学院兰州畜牧与兽药研究所是我国最早开展畜牧兽医研究的综合性科研机构之一。建所近 60 年来，在农业部、中国农业科学院的直接领导下，研究所坚持以科研为本，紧紧围绕我国畜牧业生产中的重大科技问题，积极开展畜牧、兽药、兽医、中兽医、草业科学等科学领域的研究，为我国现代畜牧兽医科技创新、成果推广示范、畜牧兽医高层次人才培养和服务"三农"等做出了重要贡献。"十五"期间，研究所在农业部组织的"全国农业科研机构综合科研能力评估"中位列 69 位。"十一五"以来，研究所通过全面改革、锐意创新和资源优化等，使研究所的各项事业得到了蓬勃发展，2010 年的"全国农业科研机构综合科研能力评估"中跃居 44 位，在中国农业科学院排名 11，研究所站在了一个新的起点上。面对新时期农业科技发展的新形势和新任务，按照建设世界一流研究所的总体要求，研究所仍存在不少差距，实现跨越式发展仍然面临着领军人才匮乏、科研基础设施差、基地建设滞后、科研经费稳定支持不够、国际合作能力不强等诸多因素制约。中国农业科学院科技创新工程的实施，为研究所科技事业的新发展提供了良好契机。

2. 科技创新工程是加强研究所学科建设，提升知识创新和支撑产业发展的必由之路

紧扣"学科集群—学科领域—研究方向"三级学科体系，瞄准国家战略目标和国际科技前沿，研究所积极行动，先行先试，开展调整学科布局、凝练学科方向、突出优势特色、统筹战略规划、改革体制机制、优化科技队伍结构、培育引进人才、建设核心能力等在内的一系列重大改革，构建学科布局合理、功能完善、运转高效、支撑有力的新型科技创新体系，探索现代畜牧兽医科技创新路子，提升研究所在兽药创制、草食动物育种、牧草新品种培育、中兽医和临床兽医学等学科领域的整体创新能力，实现研究所跨越式发展，努力为我国畜牧兽医科技的发展做出基础性、战略性、前瞻性的创新贡献。研究所牛羊育种主要针对藏区牦牛产业和西北高原毛羊、肉羊产业，多年来形成了对产业强有力的技术支撑，通过创新工程的长期稳定支持，可加速牛羊品种培育速度，使我们自主培育的牦牛、细毛羊品种在藏区和甘肃省的覆盖率分别达到50%和20%。兽药和中兽医学科是研究所的特色学科，是我们从事兽药、中兽医研究的主要科研力量，通过创新工程的实施，可使我国兽医创新研究的基础进一步加强，使二类以上药物的创制速度大大提升，对进口兽药的依赖性降低20%，对临床主要疾病的有效控制明显加强。

3. 科技创新工程是推动研究所改革发展的强劲动力

创新试点工作是推动研究所从根本上解决发展动力不足、科技创新能力不强、科研基础条件跟不上科研工作需要和体制机制制约等突出问题的难得机遇。研究所将重点在用人机制、科技投入、绩效评价等方面大胆革新，实现科技支撑发展、事业凝聚人才、机制激励创新、制度保证规范管理、科学评价贡献的新格局。

4. 科技创新工程是研究所建立稳定投入机制，加快科研原始创新的重要保障

研究所科研经费多以部门竞争性支持为主，经费投入结构和方式不合理，稳定支持不够，形成科研工作延续性得不到保障、科技人员的自主创新活动受到限制、科研基础平台建设跟不上需要。导致诸如畜禽新品种培育、新兽药创制等研究周期长、经费缺口大的国家战略性科研课题自主创新不强，新产品、新技术研发不足，如我国畜禽新品种自主供给不足，50%以上的生猪、蛋肉禽、奶牛良种依赖进口。事实证明，长期稳定支持才可能取得重大科技成果和实现原始创新，我所三代科学家历经20多年的艰苦努力，培育出了大通牦牛新品种，成功研制了国家一类新兽药喹烯酮。科技创新工程的实施将对研究所在牛羊育种、旱生牧草新品种培育、新兽药创制、中兽医等学科领域自主优选重大科学命题，开展基础理论创新、新产品、新技术开发提供保障。

5. 科技创新工程是研究所建立现代科技创新人才培养与薪酬激励机制，解决西部领军人才匮乏的重要途径

科技创新，人才是关键，吸引和留住人才是前提。受西部地域和经济条件等影响，研究所人才引进困难、流失严重，导致领军人才缺乏、科研团队建设薄弱。通过创新工程，建设"绩—效—酬"三位一体评价与激励体系，建立有效奖励和有序竞争的制度，创造人才流动新机制，形成一流人才、一流成果、一流报酬的制度导向。加强学科人才团队建设，全方位开展首席专家的培养、引进，中青年科研骨干培养，形成学科首席、科研骨干、科研辅助人员与科研管理人员为一体的科技创新团队，激发人才创造活力，推动研究所科技创新。

第二节　研究所相关工作基础

1. 学科情况

学科建设与发展是研究所立所之本、强所之根，直接体现研究所在国家畜牧业发展中战略定位，是研究所科研综合能力和科技发展的重要标准之一。研究所作为长期从事畜牧、兽药、兽医（中兽医）及草业科学研究的综合性国家级科研单位，紧紧围绕科研能力、人才团队、科研条件三大建设，突出优势、整体规划、科学布局，不断地进行学科优化和调整，形成了特色鲜明、优势明显的学科体系。

自研究所成立以来，一直开展动物遗传育种、动物生产、生物技术、草地草坪、分析测试、兽医临床、化学药物、天然药物、兽医基础、动物针灸、畜禽营养代谢、兽医微生物等方面的研究工作，形成了畜牧学科、兽药（天然药物、化学药物）学科、兽医（中兽医）学科及草业饲料学科4个互为促进、互相渗透的一级学科。

（1）畜牧学科

发展状况　研究所的畜牧学科建立于1954年。几十年来，畜牧学科围绕服务和发展畜牧业生产，几代科学家扎根西部，深入青藏高原牧区和西北地区攻坚克难，勇于攀登，勤于探索。在牛、羊、猪新品种（系）遗传资源挖掘、育种素材创制、繁殖新技术研发和新品种（系）培育等方面取得了一系列重大突破，已形成结构相对合理、人才队伍较为稳定的科技创新团队。畜牧学科针对我国畜牧业生产中亟待解决的科学理论和技术问题，研究内容涉及牦牛、藏羊、细毛羊及肉羊遗传育种、繁殖、生态、健康养殖及产业化等诸多方面，重点开展基础与应用基础研究，解决草食动物生产中的基础性、关键性、方向性重大科技问题。目前，畜牧学科按照现代畜牧科学技术的发展要求，从最初的草食动物资源利用与常规育种，逐步发展为以生物技术与传统育种技术相结合的现代草食动物遗传资源创新利用与品种培育。以基础、应用基础研究为主线，开展牛羊新品种培育，实现畜禽遗传资源创新利用，研究解决草食家畜生产中的关键性、方向性并具有重大经济效益的科技问题，逐步建成科技优势明显、科研队伍一流、科研平台先进和试验基地完善的学科体系。

在牛羊遗传育种研究方面，通过传统育种技术，结合现代分子生物学技术手段，实现了细胞、个体、群体和生态水平的有机结合，构建了胚胎工程、基因工程、蛋白质组学等一系列科研平台和技术库，开展了牦牛、肉牛、细毛羊、肉羊的生长、肉质、毛皮、繁殖力等方面的重要经济性状分子遗传基础研究，对控制上述经济性状的主效基因进行分子解析；在动物繁殖调控技术方面，开展了牛羊冻精、胚胎移植研究，建立了以牦牛、肉牛、肉羊、细毛羊等草食家畜新品种（系）培育、主要经济性状遗传规律和形成机理、种质资源生物学评价、牛羊繁殖育种新理论、新方法和新技术等基础和应用基础研究体系。

优势与地位　畜牧学科作为研究所传统优势学科，以基础研究、应用基础研究为主线，开展牛羊新品种培育，实现畜禽遗传资源创新利用，研究解决草食家畜生产中的关键性、方向性并具有重大经济效益的科技问题，逐步建成科技优势明显、科研队伍一流、科研平台先进和试验基地完善的学科体系。已形成牦牛资源与育种和细毛羊资源与育种两个科技创新团队，在全国率先开展牦牛、细毛羊新品种（系）育种素材创制、繁殖新技术、重要功能基因定位、分子育种技术等方面的研究，承担了国家科技支撑计划课题、国家重点研发计划子课题、国家自然科学基金项目、"863"计划、国家肉牛牦牛产业技术体系、绒毛用羊产业技术体系、公益性行业（农业）科研专项、"948"计划、甘肃省科技重大专项、国家标准、行业标准等基础、应用研究等方面项目。取得一系列重大成果，获得各类科技奖励 57 项，其中国家科技进步一等奖 2 项，国家科技进步二等奖 3 项，国家科技进步三等奖 1 项，甘肃省科技进步奖 11 项，授权专利 11 项，出版专著 59 部，发表论文 1 450 余篇。成功培育出我国具有自主知识产权的国家级新品种大通牦牛、阿什旦牦牛、甘肃高山细毛羊、中国黑白花奶牛、甘肃白猪、甘肃黑猪等，填补了我国牛、羊、猪品种自主培育的空白，为我国特别是西部地区的经济社会发展做出了重大贡献，凸显了我所畜牧学科在牛、羊、猪等家畜新品种培育领域的国内引领作用，确立了在牦牛、细毛羊新品种培育的国际领先地位。目前，已形成了创新能力强的科研团队、仪器设备先进的科研技术平台，拥有"农业农村部动物毛皮及制品质量监督检验测试中心""农业农村部畜产品质量安全风险评估实验室""甘肃省牦牛繁育工程重点实验室""国家肉牛牦牛产业技术体系牦牛选育岗位科学家"及"国家绒毛用羊产业技术体系分子育种岗位科学家"等科技创新平台，拥有畜牧学博士后流动站、动物营养硕士点、动物遗传育种与繁殖硕士、博士点，博士生导师 3 人，硕士生导师 9 人，现代农业产业技术体系岗位科学家 3 人，国家畜禽品种资源委员会委员 1 人，国家科技进步奖评审专家 2 人，国家自然科学基金评审专家 4 人，中国博士后基金评审专家 1 人，国际合作计划评价专家 1 人，全国性学术团体副理事长兼秘书长 2 人，牛马驼品种审定委员会委员 1 人，中国牛羊产业协会特聘专家 2 人，甘肃省科技奖励评审专家 3 人，甘肃省领军人才 1 人，甘肃省"555"人才 1 人，甘肃省优秀专家 1 人，甘肃农业大学特聘博士生导师 2 人，中国农业科学院学位委员会 1 人，中国农业科学院杰出人才 2 人。是中国牦牛育种协作组挂靠单位和中国畜牧兽医学会养羊学分会秘书长单位，编辑出版专业性学术期刊《中国草食动物科学》。

（2）兽药学科

发展状况 研究所兽药学科始建于 20 世纪 50 年代，最早以开展中草药抗菌、抗病毒研究为代表，开创了我国兽用中草药的现代研究。60 年代初，中国农业科学院整合兽药研究力量，在研究所建立兽药学科和研究团队，主要开展兽用化学药物、兽用抗生素的创制、兽医药理学与毒理学等工作。80 年代后期发展为兽用化学药物、兽用抗生素和兽医药理三大研究方向。兽药学科针对规模化养殖中畜禽和宠物、经济动物重要细菌性、寄生虫性、病毒性和炎症等感染性疾病等，利用天然药物基因组学及化学组学、有机合成化学、药物化学、分析化学、计算机辅助设计、生物工程、现代药物评价等为研究技术和手段，以创制防治动物疾病的高效安全药物为目标，围绕兽药创制，加大药物作用机理、筛选技术、靶标发现等基础研究，加强分子药理学研究及围绕食品安全的药物残留与耐药性机理研究。目前，主要研究兽用中草药的有效成分、结构、药理作用和现代化的生产技术，开展兽用化学药物的合成和兽用抗生素及饲料添加剂的研究，筛选抗菌、支原体、寄生虫、病毒、炎症的有效药物，改进或提供新的兽用药物，已形成了兽用化学药物、兽用天然药物、兽用生物药物、药物代谢动力学、药物残留研究、兽药残留与安全评估等研究方向，长期承担创新兽药的研制与开发以及与之相关的基础研究工作，重点开展动物新药创制基础理论、药物作用机理和安全评价研究。

优势与地位 研究所是新中国成立以来率先开展兽药研究的专业性科研机构，长期从事化学药物、天然药物和抗生素等基础研究和应用研究，学科布局合理，专业优势十分突出，在研究平台、科研力量和创新能力方面，都在国内兽药研究领域处于领军地位。研究涉及新兽药创制、药物筛选评价、生物转化以及药物代谢动力学、药物作用机理、药物残留、药物耐药性等领域。先后承担了国家重点研发计划课题、国家自然科学基金项目、"863"子课题、国家科技支撑计划、科研院所技术开发专项资金项目、国家现代农业产业技术体系岗位科学家、甘肃省科技重大专项等，在兽用化学药物研制与应用、兽用天然药的研制与应用、生物药物的研究与开发、药物的筛选与评价、药物作用机理、药物耐药性研究等方面取得了一批重要的科技成果。在我国拥有自主知识产权的 4 个国内一类新兽用化学药物中，其中静松灵、痢菌净和喹烯酮 3 个一类兽药是本学科的科技专家团队研制成功的。1975 年研制成功的动物麻醉新药"静松灵"，成为我国兽医临床首选药物一直沿用至今。1986 年研制成功广谱抗菌新药"痢菌净",目前全国有近10家痢菌净原料药生产企业和近300家痢菌净制剂企业,产生的直接经济效益300多亿元。2003年,研制成功国家一类新药"喹烯酮",目前有包括中国牧工商(集团)总公司在内的30余家生产企业生产,年产量近1 000t。此外还研制成功了"AEI化学灭能剂"、六茜素、消睾注射液、塞拉菌素、板黄口服液等10多个新药。先后获得国家科技进步二等奖2项、三等奖1项,省部一等奖6项,获国家一类新兽药证书2个,发明专利45项,发表科技论文1 500余篇,其中SCI论文60余篇。

目前兽药学科建设有农业农村部兽用药物创制重点实验室、甘肃省新兽药工程重点实验室、甘肃省新兽药工程研究中心、中国农业科学院新兽药工程重点实验室、兽药GMP中试生产车间和SPF标准化实验动物房等科技支撑平台;有3个兽药创新团队,现有国务院政府特贴享受者2人,中国青年科技奖获得者1人,农业农村部新兽药审评专家2人,国家现代农业产业技术体系岗位科学家1人,中国农业科学院研究生院博导3人,宁夏大学、甘肃农业大学、黑龙江八一农垦大学特聘博导2人,中国农业科学院二级杰出人才1人,三级杰出人才1人;甘肃省领军人才第一层次人选2人、第二层次人选1人;拥有兽药学博士后流动站、兽药学和基础兽医学硕士、博士点。

(3)中兽医与临床兽医学科

发展状况 中兽医与临床兽医学科是兽医学科的重要组成部分,一直在我国动物疾病防治、畜禽保健和食品安全方面发挥着独特而重要的作用。早在1946年,我国首位兽医学院士盛彤笙先生提出将中兽医和临床兽医学科列为兽医重点学科。1958年以建所为标志,研究所首个中兽医和临床兽医学科研究团队成立,以"继承和发扬"为思路指导学科建设,建成了我国唯一从事中兽医学、临床兽医学研究的国家级科研机构——中国农业科学院中兽医研究所。随着研究所几代中兽医和临床兽医工作者的辛苦耕耘和艰苦努力,学科得到了不断优化和发展。目前,中兽医学科有中兽医基础理论、中兽医针灸、中兽药方剂、中兽医药理毒理、中兽医资源与利用、中兽药中试和中兽医药现代化7个研究方向;临床兽医学科有奶牛疾病、兽医临床检验、动物生理生化、兽医病理、兽医微生物、动物代谢病与中毒病、兽医内科和外科7个研究方向。针对我国畜牧业生产中亟待解决的科学理论和技术问题,重点开展兽医针灸、中兽医基础理论、中兽医防病技术研发、奶牛主要疾病发病机理与防治技术、畜禽营养代谢病和中毒病等基础与应用基础研究、中兽医与临床技术发展中存在的共性关键问题等,解决中兽医学和畜禽疾病防治中的基础性、关键性、方向性重大科技问题。中兽医学与临床兽医学科相关科研团队承担了国家自然科学基金项目、公益性（农业）行业专项、国家科技支撑计划课题、科技基础性工作专项、现代农业产业技术体系、"948"计划、农业科技成果转化项目、甘肃省科技重大专项等科研项目，并在中兽医基础理论、中兽药创制、中兽医药现代化、临床兽医诊断技术研发、奶牛乳房炎、子宫内膜炎、肢蹄病等研究方面处于国内领先水平。

优势与地位 中兽医与临床兽医学科自建立以来，在动物疾病防治与保健方面一直处于国内领先地位。建所以来先后承担了300余项国家级、省部级科研项目，获各类科技奖励76项，其中国家科学大会奖1项，省部奖23项，获国家授权专利30项，研发产品43个，培养学科相关科研骨干和研究生80余人，出版专著60部，发表科技论文1 300余篇，创办了《中兽医医药杂志》。这些技术、成果和人才已在中兽医和动物疾病防治领域发挥着重要的指导、支撑和带头作用。"十一五"以来，中兽医与临床兽医学相关研究团队分别是国家科技支撑计划"中兽医药现代化研究与开发"和"奶牛重大疾病防控关键技术研究"、农业农村部公益性行业（农业）科研专项"中兽医药生产关键技术研究与应用"、国家科技基础性工作专项"传统中兽医药资源整理和抢救"等重大项目的首席科学家单位，也是国家奶牛产业技术体系疾病控制功能实验室、甘肃省中兽药工程技术研究中心、科技部中兽医药学援外培训基地、中国农业科学院临床兽医学研究中心、中国毒理学会兽医毒理学专业委员会、中国畜牧兽医学会西北病理学分会、中国畜牧兽医学会西北中兽医学分会的挂靠单位。现有国家公益性行业专项首席专家1人，农业农村部兽药评审专家5人，国家现代农业产业技术体系岗位科学家2人，中国农业科学院杰出人才1人，甘肃省第一层次领军人才1人、第二层次领军人才1人，甘肃省"555"人才1人，拥有兽医学博士后流动站和临床兽医学硕士点、全国唯一中兽医学硕（博）士点。

（4）草业学科

发展状况 研究所草业学科始建于20世纪50年代初，是我国从事草业科学研究工作起步较早的专业科研单位。60年代初，原西北畜牧兽医研究所成立了牧草饲料研究室，以草场合理利用、天然草原改良、提高草原生产力、优良牧草饲料作物引种、栽培、良种选育和提高饲料营养价值为主攻方向。80年代，研究所在原牧草饲料研究室的基础上设立了牧草饲料研究室、草原研究室和营养研究室。90年代又调整为草地草坪研究室和动物生产研究室，分别开展以农区种草养畜、牧区草地建设、资源保护、绿地工程、水土保持和草食动物饲料配方、营养舔砖及饲料添加剂的研制，建立动物营养调控技术体系为主要方向。在草食家畜营养研究领域处于国内领先水平。2000 年以来，草业学科调整重组，成立草业饲料研究室，主要开展抗逆牧草、草坪草新品种的引进和选育、转基因及引种驯化，对青藏高原、黄土高原特色牧草种质资源的收集、鉴定、保护和开发利用，开始建立我国西部旱生超旱生牧草种质资源保种、驯化、繁育基地和种质资源库，进行饲草饲料资源开发利用，探索草畜耦合生态型畜牧业发展模式，同时对黄土高原生态环境监测体系的规范化建设、生态环境演替规律、多样性进行了系统研究。草业学科始终坚持科学研究、人才培养和服务地方经济建设的宗旨，在牧草种质资源调查、草地生态畜牧业建设、草品种选育及草地植物分子生物学研究、牧草种质资源信息共享平台建设、草地资源监测、草食动物营养研究等方面开展工作，在我国草畜产业发展和草原生态环境建设等方面做出了贡献。

优势与地位　研究所是中国草原学会成立的主要发起单位之一。草业学科充分利用地处黄土高原和青藏高原交汇地带的区位优势，以草地农业生态系统理论为指导，在旱生、寒生牧草新品种选育、人工草地建植与利用研究和高寒草地的改良与放牧利用等方面形成了具有明显地域特色的草业学科，获得了丰硕的研究成果。先后完成各类科研项目 100 余项，自主培育出"中兰一号"抗霜霉病苜蓿、"333/A 春箭舌豌豆""中兰二号"和"中天一号"紫花苜蓿新品种，获国家科技进步二、三等奖各 1 项，省、部级科技进步奖 12 项。主编出版学术专著和教科书 28 部，发表学术论文 400 余篇。拥有一支具有实际经验且年龄结构合理的专业科研队伍，现有甘肃省领军人才 1 人，甘肃省草品种审定委员会专家 1 人。建立了研究所草业学科硕士点和博士点，现有牧草栽培、牧草育种、动物营养、牧草种质资源遗传 4 个实验室，先后承担国家重点基础研究发展计划、农业农村部公益性行业（农业）科研专项、西藏科技重大专项等。2 个总面积超过 5 400 亩的野外试验基地，4 个野外观测试验站（农业农村部兰州黄土高原生态环境重点野外科学观测试验站、中国农业科学院兰州黄土高原生态环境重点野外科学观测试验站、中国农业科学院兰州农业环境野外科学观测试验站、中国农业科学院张掖牧草及生态农业野外科学观测试验站），大中型仪器设备 50 余（台）件。

2. 科研条件情况

研究所地处甘肃省兰州市区，拥有 2 栋总面积达 17 000m² 的科研大楼和 6 000m² 的科技培训中心；万元以上仪器设备 370 台（件）；科技期刊 2 万余册，图书 3.35 万余册（馆藏最早西文期刊出版于 1838 年，中文图书出版于明崇祯年间）；中草药标本 1 000 余份，中兽医针具 432 件；植物标本 314 份，植物活体标本 142 份，牧草种子标本 811 份；动物毛、皮标本 600 余份。

现有依托研究所建成的各类科技平台 24 个（表 2-1），分别为国家农业科技创新与集成示范基地、国家奶牛产业技术体系疾病控制研究室、农业农村部兽用药物创制重点实验室、农业农村部动物毛皮及制品质量监督检验测试中心、农业农村部兰州黄土高原生态环境重点野外科学观测试验站、农业农村部畜产品质量安全风险评估实验室、科技部"中兽医药学技术"国际培训基地、甘肃省新兽药工程重点实验室、甘肃省新兽药工程研究中心、甘肃省牦牛繁育工程重点实验室、甘肃省中兽药工程技术研究中心、中国农业科学院新兽药工程重点开放实验室、中国农业科学院羊育种工程技术研究中心、中国农业科学院兰州畜产品质量安全风险评估研究中心、中国农业科学院兰州黄土高原生态环境野外科学观测试验站、中国农业科学院兰州农业环境野外科学观测试验站、中国农业科学院张掖牧草及生态农业野外科学观测试验站、中国科协"海智基地"甘肃基地工作站、甘肃省兽医诊疗技术国际合作基地、甘肃省中泰联合共建实验室、全国农产品质量安全科普示范基地、全国名特优新农产品营养品质评价鉴定机构、GMP 中药生产车间和 SPF 级标准化动物实验房等。

表 2-1　兰州畜牧与兽药研究所科技平台

平台名称	建设年份
国家农业科技创新与集成示范基地	2014
国家奶牛产业技术体系疾病控制研究室	2007
国家旱生超旱生牧草种籽繁育基地	2000
农业农村部动物毛皮及制品质量监督检验测试中心	1998
农业农村部兰州畜产品质量安全风险评估实验室	2013
农业农村部兽用药物创制重点实验室	2011
农业农村部兰州黄土高原生态环境重点野外科学观测试验站	2005

（续表）

平台名称	建设年份
科技部"中兽医药学技术"国际培训基地	2012
甘肃省牦牛繁育工程重点实验室	2011
甘肃省新兽药工程重点实验室	2010
甘肃省新兽药工程研究中心	2013
甘肃省中兽药工程技术研究中心	2010
中国农业科学院兰州畜产品质量安全风险评估研究中心	2012
中国农业科学院羊育种工程技术中心	2014
中国农业科学院新兽药工程重点开放实验室	2008
中国农业科学院张掖牧草及生态农业野外科学观测试验站	2009
中国农业科学院兰州黄土高原生态环境野外科学观测试验站	2009
中国农业科学院兰州农业环境野外科学观测试验站	2009
SPF 级标准化实验动物房	2007
兽药 GMP 中试车间	2006
牧草加代温室	2013

第三章　创新团队总体情况

第一节　发展定位

研究所围绕我国现代畜牧业标准化健康养殖和优质畜产品生产中的重大产业和科学问题，通过全面实施院科技创新工程，构建畜牧学、兽药学、中兽医学和草业学科结构合理、特色鲜明、整体水平较高的先进学科体系，系统开展牛羊遗传繁育、兽药创制与安全评价、中兽医药现代化、兽医临床与诊断、牧草资源与育种等学科方向的理论基础、技术应用和产品开发方面的科学研究，培育牛羊新品种，选育优质抗逆牧草新品种，研发畜禽健康养殖综合配套技术，创制具有自主知识产权的新型兽药产品，着力解决我国畜牧业产业发展全局性、战略性、关键性技术问题，为我国畜禽产品优质、高产、安全、生态提供有力的科技支撑。力争到 2020 年年末，在创新工程的引领下，8 个团队的整体科研水平将显著提高，服务畜牧产业能力显著增强。牛羊新品种遗传育种学科整体达到国内领先水平，部分达到国际先进水平，成为西部地区牛羊育种中心；兽药学科在新兽药创制方面达到国内领先水平；中兽医学科在中兽医基础理论研究和新技术创制方面达到国际领先水平；草业学科在优质抗逆牧草新品种培育研究方面达到国内先进水平；兽医临床学科达到国内领先水平，成为我国功能相对完善的动物疾病临床诊疗科研基地。

第二节　学科布局

紧密围绕国家农业科技发展需求，坚持创新，突出特色，立足研究所畜牧、兽医两大学科集群，以"畜、药、病、草"四大学科为重点，不断调整学科布局，拓展研究方向，集中科技力量，进一步强化在草食动物遗传繁育、兽用药物创制、中兽医药研究、牧草新品种选育等方面的优势和特色，做强兽医临床、动物营养等学科领域，重点培育牛羊分子育种、针灸、免疫、兽药残留检测、牧草航天育种等研究方向，积极拓展兽医精准诊疗、兽药安全评价、畜产品质量安全、组学工程等创新方向，打造新的学科增长点，形成学科建设可持续发展的机制，提升学科核心竞争力和影响力。

第三节　团队基本情况

　　随着学科的优化布局和不断完善，以领军人才为核心的科技创新团队在科学研究领域的科研攻关和创新能力日渐凸显，创新团队建设逐渐成为研究所科研发展的重点。研究所根据"畜、药、病、草"四大学科建设和科研工作的需要，按照专业、人才、科研任务、基础平台条件等内容，组建了"兽药研究创新团队""中兽医与临床兽医研究团队""中国牦牛种质创新与资源利用团队"和"旱生牧草种质资源与牧草新品种选育团队"4个院级重点科技创新团队，重点发挥各团队在相关领域的科研攻关和科技引领作用。同时，为进一步增强学科建设，结合学科发展和科研工作的需要，先后组建了"牦牛资源与育种创新团队""兽用化学药物创新团队""奶牛疾病创新团队""兽用天然药物创新团队""兽药创新与安全评价""细毛羊资源与育种创新团队""中兽医理论与临床创新团队"和"寒生旱生灌草新品种选育创新团队"8个所级科技创新团队，成为研究所各学科重点培育的团队，为进一步提高研究所科技创新能力奠定了基础。

1. 牦牛资源与育种创新团队

　　现有固定人员12人，其中正高职称4人，副高职称4人，中级职称4人；博士10人，硕士1人；科研辅助人员7人，在读硕士研究生12人，博士研究生5人，客座研究人员3人。团队人才结构相对合理，多以青年人才为主；团队内有从事遗传育种、分子生化、动物营养等学科专业的专门人才。目前主要开展牦牛新品种选育、牦牛主要遗传基因筛选、青藏高原地区环境生态畜牧业研究等科研工作（表3-1）。

表 3-1 牦牛资源与育种创新团队人员情况

人员组成	姓名	性别	职称	学历	学位	专业方向
首席	阎 萍	女	研究员	研究生	博士	牦牛育种
骨干	梁春年	男	研究员	研究生	博士	动物遗传育种与繁殖
	郭 宪	男	研究员	研究生	博士	动物繁育
	高雅琴	女	研究员	本科	学士	畜牧
	丁学智	男	副研究员	研究生	博士	草地生态
	王宏博	男	副研究员	研究生	博士	动物营养
	裴 杰	男	副研究员	研究生	博士	遗传
助理	包鹏甲	男	助理研究员	研究生	博士	动物遗传育种与繁殖
	褚 敏	女	助理研究员	研究生	博士	动物遗传育种与繁殖
	吴晓云	男	助理研究员	研究生	博士	动物遗传育种与繁殖
	李维红	女	副研究员	研究生	博士	动物遗传育种与繁殖
	熊 琳	男	助理研究员	研究生	硕士	动物遗传育种与繁殖

牦牛资源与育种创新团队以基础、应用基础研究为主线，主要从事牦牛分子育种和常规育种技术研究，通过制定牦牛选育目标和选育标准，建立无角牦牛育种核心群，研发牦牛产肉性能活体测定技术、遗传评估技术和有效遗传标记检测技术，培育新品种或品系；建立牦牛种质资源保种方法和保种技术，挖掘生长发育、繁殖、肉品质、高寒低氧适应性等性状主效基因，建立集性能测定、标记辅助选择、遗传评定、新品种选育为一体的高寒牧区现代牦牛育种创新技术体系，研究解决牦牛生产中的关键性、方向性并具有重大经济效益的科技问题，逐步建成科技优势明显、科研队伍一流、科研平台先进和试验基地完善的学科体系。该创新团队在全国率先开展牦牛新品种育种素材创制、繁殖新技术、重要功能基因定位、分子育种技术等方面的研究，承担了国家肉牛牦牛产业技术体系、科技部科技支撑计划、农业部公益性行业（农业）科研专项、"948"计划、甘肃省科技重大专项、国家标准、行业标准等基础、应用研究等方面项目。取得一系列重大成果，获得各类科技奖励15项，其中国家科技进步二等奖1项，甘肃省科技进步奖11项，授权专利11项，出版专著20余部，发表论文300余篇。成功培育出我国具有自主知识产权的国家级新品种大通牦牛新品种等，填补了我国牦牛品种自主培育的空白，为我国特别是西部地区的经济社会发展做出了重大贡献，凸显了研究所畜牧学科在牦牛新品种培育领域的国内引领作用，确立了在牦牛新品种培育的国际领先地位。目前，已形成了创新能力强的科研团队、仪器设备先进的科研技术平台，拥有"农业农

村部动物毛皮及制品质量监督检验测试中心""农业农村部畜产品质量安全风险评估实验室""甘肃省牦牛繁育工程重点实验室""国家肉牛牦牛产业技术体系牦牛选育岗位科学家"等科技创新平台，拥有畜牧学博士后流动站、动物营养硕士点、动物遗传育种与繁殖硕士、博士点，博士生导师2人，硕士生导师7人，现代农业产业技术体系岗位科学家2人，国家畜禽品种资源委员会委员1人，国家科技进步奖评审专家1人，国家自然科学基金评审专家4人，全国性学术团体副理事长兼秘书长2人，牛马驼品种审定委员会委员1人，中国牛羊产业协会特聘专家1人，甘肃省科技奖励评审专家2人，甘肃省领军人才1人，甘肃省"555"人才1人，甘肃省优秀专家1人，甘肃农业大学特聘博士生导师1人，中国农业科学院学位委员会委员1人，中国农业科学院杰出人才1人。

首席科学家：首席科学家阎萍，研究员，博士，博士生导师，现任兰州畜牧与兽药研究所副所长。甘肃省优秀专家，甘肃省领军人才，甘肃省创新工程人才，国家现代肉牛牦牛产业体系岗位专家。国家畜禽资源管理委员会牛马驼品种审定委员会委员，中国畜牧兽医协会牛业分会副理事长、全国牦牛育种协作常务副理事长兼秘书长。2009年获"新中国60年畜牧兽医技贡献奖（杰出人物）"。

主要从事动物遗传育种与繁殖研究，特别是在牦牛领域的研究成绩卓越，先后主持完成了国家科技支撑计划课题"甘肃甘南草原牧区'生产生态生活'保障技术集成与示范""863"计划项目"牦牛肉用重要功能基因的标识与鉴定"、农业科技成果转化资金项目"大通牦牛新品种及配套技术示范推广"、公益性（农业）行业科研专项"青藏高原牦牛藏羊生态高效草原牧养技术模式研究与示范"和"夏河社区草—畜高效转化关键技术""948"计划"牦牛新型单外流瘤胃体外连续培养技术（Rusitec）的引进与应用"、甘肃省科技重大专项"甘南牦牛的选育和改良研究与示范"等国家、省部及其他项目20余项。成功培育了大通牦牛新品种（2005年）和阿什旦无角牦牛新品种（2019年），先后获国家科技进步二等奖1项及省部级一、二等科奖励10项，发表论文125篇，其中SCI收录40余篇。先后赴美国、德国等10余个国家进行了国际交流与合作。

2. 奶牛疾病创新团队

现有固定人员14人，其中正高职称4人，副高职称5人，中级职称5人；

博士6人，硕士4人（表3-2）。主要从事奶牛主要疾病防控关键技术的研究，重点利用分子生物学技术、疫苗制造技术、中药分离提取技术等现代技术，开展奶牛乳房炎、不孕症和营养代谢病等主要疾病流行病学调查、诊断新技术、发病机理、高效安全新型药物和疫苗的研究，研制出一批具有自主知识产权的新新型诊断技术和新型药物，研究制定适合我国国情的奶牛主要疾病综合防控新技术，积极开展国际合作与交流，构建奶牛疾病研究技术平台，加速科技成果转化。科研团队现有农业部兽药评审专家2人，国家现代农业产业技术体系岗位科学家1人，中国农业科学院杰出人才1人，甘肃省第一层次领军人才1人，甘肃省"555"人才1人，中国畜牧兽医兽医学会中兽医学分会副理事长1人，中国畜牧兽医兽医学会内科学分会常务理事2人。

表3-2 奶牛疾病创新团队人员情况

人员组成	姓名	性别	职称	学历	学位	专业方向
首席	杨志强	男	研究员	本科	学士	临床兽医学
骨干	严作廷	男	研究员	研究生	博士	临床兽医学
	刘永明	男	研究员	本科	学士	营养代谢病
	李宏胜	男	研究员	研究生	博士	兽医微生物
	王胜义	男	副研究员	研究生	硕士	营养代谢病
	张世栋	男	副研究员	研究生	博士	分子生物学
	王东升	男	助理研究员	研究生	硕士	新兽药研究
助理	李新圃	男	副研究员	研究生	博士	兽医药理学
	董书伟	男	助理研究员	研究生	硕士	兽医产科病
	罗金印	男	副研究员	本科	学士	临床兽医学
	王慧	男	助理研究员	研究生	硕士	营养代谢病
	崔东安	男	助理研究员	研究生	博士	新兽药研究
	杨峰	男	助理研究员	研究生	硕士	分子生物学
	武小虎	男	助理研究员	研究生	博士	奶牛疾病

首席科学家：杨志强，男，汉族，中共党员，学士，二级研究员，博士生导师。甘肃省优秀专家，甘肃省领军人才，中国农业科学院跨世纪学科带头人，甘肃省"555"创新人才，《中兽医医药杂志》主编。曾任基础研究室副主任、科研管理处处长、业务副所长等职务。2001年7月担任中国农业科学院兰州畜牧与兽药研究所所长职务至今，2007年8月起兼任党委副书记。兼任中国毒理学兽医毒理学分会会长，中国畜牧兽医学会常务理事，中国兽医协会常务理事，中国畜牧兽医学会动物药品学分会副会长，中国畜牧兽医学会毒

物学分会副会长，中国畜牧兽医学会中兽医学分会副会长，中国畜牧兽医学会西北地区中兽医学会理事长，农业部兽药评审委员会委员，农业动物毛皮及制品质量监督检验检测中心主任，农业部畜产品质量风险评估研究室学术委员会主任，《中国兽药典》第四届委员会委员，农业部现代农业技术体系奶牛疾病控制研究室岗位科学家，中国农业科学院学术委员会委员，中国农业科学院中兽医药学现代化研究创新团队首席科学家，甘肃省重大动物疫病防控专家委员会委员，《中国农学通报》《中国草食动物科学》《中国兽医科学》编委，中国农业科学院研究生院、甘肃农业大学、西北民族大学硕士生、博士生导师。

杨志强同志长期从事中兽医药学、兽医药理毒理、动物营养代谢与中毒病等研究工作，是该领域内的知名专家，先后主持和参加国家、省、部级科研课题33项，其中主持20项，包括国家科技支撑计划"奶牛主要疾病综合防控技术研究及开发"，现代农业产业技术体系项目"奶牛疾病防控研究"农业部公益性项目"中兽药生产关键技术研究与应用"，科技部基础性工作专项"传统中兽医药资源抢救与整理"等国家、省部重点项目。获奖9项，其中获省部级奖3项，院厅级奖7项，"中草药饲料添加剂'归蒲方'的研究与应用"1997年获甘肃省科学技术进步三等奖；"禽用复合营养素的研制与应用"1999年获甘肃省科学技术进步三等奖；"沙拐枣、冰草等旱生牧草引进驯化及栽培利用技术研究"2007年获甘肃省科技进步二等奖；"中兰1号和甘农系列苜蓿种子高新技术产业化示范工程"2006年获中国农业科学院科技成果二等奖，"甘肃牧草资源整理整合"2012年获甘肃省科技进步二等奖。自主和参与研发新产品8个，获授权专利3项。先后培养硕士研究生20名，培养博士研究生10名。在国内和国际学术刊物上共发表学术论文100余篇，其中主笔发表论文80篇。主编和参与编写《微量元素与动物疾病》等学术专著13部。2009年荣获新中国60年畜牧兽医科技贡献杰出人物奖。作为高级访问学者多次到国外进行学术交流。荣获兰州市绿化奖章、兰州市百佳文明市民、甘肃省"抓联促转"科技活动先进个人等称号。现主持公益性行业专项"中兽药生产关键技术研究与应用"和国家科技基础性工作专项"传统中兽医药资源抢救和整理"等项目。

3. 兽用天然药物创新团队

现有固定人员10人，其中正高职称2人，副高职称3人，中级职称5人；博士3人，硕士7人；在读硕士研究生11人，博士研究生3人（表3-3）。

表3-3 兽用天然药物创新团队人员情况

人员组成	姓名	性别	职称	学历	学位	专业方向
首席	梁剑平	男	研究员	研究生	博士	药物化学
骨干	蒲万霞	女	研究员	研究生	博士	兽医微生物
	尚若锋	男	副研究员	研究生	博士	兽药学
	王学红	女	副研究员	研究生	硕士	药理学
	王 玲	女	副研究员	研究生	硕士	兽医微生物与免疫学
	刘 宇	男	助理研究员	研究生	硕士	提取工艺研发
	郭文柱	男	助理研究员	研究生	硕士	质量标准建立与评价
	郭志廷	男	助理研究员	研究生	硕士	抗球虫天然药物研发
	郝宝成	男	助理研究员	研究生	硕士	抗病毒天然药物研发
	杨 珍	女	助理研究员	研究生	硕士	抗菌天然药物研发

　　兽用天然药物研究团队主要针对规模化养殖中畜禽和宠物、经济动物重要细菌性、寄生虫性、病毒性和炎症等感染性疾病等，利用天然药物基因组学及化学组学、有机合成化学、药物化学、分析化学、计算机辅助设计、生物工程、现代药物评价等为研究技术和手段，围绕国家食品安全与畜牧养殖业可持续健康发展的重大需求，开展兽用天然药物的基础、应用基础和应用研究。开展兽用中草药的有效成分提取分离、结构改造、药物作用机理、新药及药物靶标的发现、以及现代化的生产技术等研究。

　　首席科学家：梁剑平，研究员，博士，博士生导师。1985年7月毕业于沈阳药科大学药化专业，同年7月参加工作。1999年毕业于中国科学院研究生院，获博士学位。30年来一直从事兽药化学合成、中草药的提取及药理工作。现任农业部新兽药工程重点实验室副主任。2008年入选中国科学院"百人计划"，中国科学院、中国农业科学院研究生院及甘肃农业大学硕士生、博士生导师。2001年享受国务院政府特殊津贴，2003年中国西部开发突出贡献奖获得者，2005年获农业部有突出贡献的中青年专家，中科院创新工程的评估专家，2004年中央统战部颁发的"为全面建设小康社会做出贡献的先进个人"，2004年甘肃省省委授予的"陇上轿子"及2003年甘肃省委统战部"九三十佳社员"，甘肃"555"创新人才，兰州政协常委。

　　先后主持和参加国家和省部级重大科研项目20余项。其中参加课题，国家攻关项目"绵羊双胎苗的人工化学合成及应用"1996年获甘肃省科技进步一等奖和国家科技进步三等奖；国家攻关计划：喹烯酮的合成及应用，2007年获国家一类新兽药，获国家科技进步二等奖；主持的国家攻关项目："'六茜素'的化学合成及应用"，用化学方法合成了中草药的有效成份六茜素，并应用于兽医临床，取得了良好的治疗效果，1997 年获甘肃省科技进步二等奖；主持的国家攻关项目"茜草素提取与合成"项目 2004 年获中国农业科学院科技进步二等奖，2005 年甘肃省科技进步三等奖，并获兽药批准文号，在兽医临床上开始应用；主持 2002 年度国家自然科学基金项目，2010 年"用重离子辐照制备高效新喹喔啉类药物的研究"，获甘肃科技发明三等奖；主持国家"十五"重点攻关项目高致病性禽流感的生物技术防治，2011 年甘肃科技发明二等奖；2014 年获兰州市科技功臣提名奖；2016 年西藏疯草绿色防控技术的研究及应用，获 2017 年西藏科技进步一等奖；2016 年伊维菌素的催化关键技术的研究及工业化生产，获 2017 年河北省科学技术进步三等奖；含芳杂环侧链的截断侧耳素衍生物的化学合成与构效关系研究，2018 年获甘肃省自然科学三等奖。

在国内外正式刊物发表论文 130 余篇，其中 SCI 收录 50 篇，作为第一发明人获发明专利授权 38 项，培养硕博研究生 46 名。

4. 兽用化学药物创新团队

现有固定人员 10 人，其中正高职称 1 人，副高职称 5 人，中级职称 4 人；博士 3 人，硕士 6 人；流动人员 16 名，硕士研究生 13 名，博士研究生 3 名（表 3-4）。现有国家百千万人才工程国家级人选 1 人，国家有突出贡献专家 1 人，农业部兽药评审专家 1 人，中国青年科技奖获得者 1 人，中国畜牧兽医兽医学会兽医药理毒理学分会副秘书长 1 人，中国兽医协会中兽医学分会副理事长 1 人，中国畜牧兽医兽医学会兽医药理毒理学分会理事 3 人。团队固定人员成员分别拥有药物化学、药物合成、药物分析、药理学、毒理学、临床药效学、药学、临床学、兽医学、微生物学、分子生物学等专业人才，依托农业农村部兽用药物创制重点实验室、甘肃省新兽药工程重点实验室、甘肃省新兽药工程研究中心、中国农业科学院新兽药工程重点实验室，完全具备了开展兽用化学药物创制与评价的能力和条件。主要从事抗寄生虫、抗炎化学原料药与制剂的研制、兽药筛选基础研究、药物耐药性机理与分子药理学研究。团队的目标是通过兽药研究基础理论创新、技术方法创新和产品创新、人才培养和科技平台建设，为药物创制研究奠定坚实基础。加速科技成果转化，形成我所兽药科技产业新的增长点，提升我国兽药产业的创新能力和国际竞争力，为我国畜牧养殖业的健康发展、保障公共卫生安全和食品安全保驾护航，使我国兽药学科跻身于世界前沿，达到国际先进水平。

表 3-4 兽用化学药物创新团队人员情况

人员组成	姓名	性别	职称	学历	学位	专业方向
首席	李剑勇	男	研究员	研究生	博士	药物化学
骨干	吴培星	男	副研究员	研究生	博士	分子生物学
	李世宏	男	副研究员	研究生	硕士	临床兽医学
	陈化琦	男	副研究员	本科	学士	基础兽医学
	董鹏程	男	副研究员	研究生	博士	兽医药理学
	杨亚军	男	助理研究员	研究生	硕士	药学
助理	刘希望	男	助理研究员	研究生	硕士	药物化学
	王 瑜	男	助理研究员	研究生	硕士	药物制剂学
	秦哲	女	助理研究员	研究生	博士	基础兽医学
	焦增华	女	助理研究员	研究生	硕士	药物分析

首席科学家：李剑勇，48 岁，研究员，博士学位，博士研究生导师，百千万人才工程国家级人选，国家有突出贡献中青年专家，国务院政府特殊津贴获得者，中国青年科技奖获得者。现任中国农业科学院科技创新工程兽用化学药物创新团队首席专家，农业部兽用药物创制重点实验室常务副主任，甘肃省新兽药工程重点实验室常务副主任，甘肃省新兽药工程研究中心常务副主任，农业部兽药评审委员会委员，中国兽药典委员会委员，农业部饲料评审委员会委员，中国畜牧兽医学会兽医药理毒理学分会常务理事兼副秘书长，中国毒理学会兽医毒理学专业委员会委员兼副秘书长，甘肃省化学会色谱专业委员会副主任委员，甘肃省高级专家协会理事，甘肃省化学会理事，《黑龙江畜牧兽医杂志》常务编委，《FOOD CHEM》《Medicinal Chemistry Research》等杂志审稿专家。

多年来一直从事兽用药物创制及与之相关的基础和应用基础研究工作，主要研究方向为：兽药设计和筛选的理论、方法与技术；兽药调控机制、质量控制标准与评价方法；新型抗炎、抗菌、抗寄生虫原料药；新型安全高效兽用药物制剂。曾先后完成国家级省部级药物研究项目 40 多项，其中主持 20 余项。获得省部级以上奖励 10 余项，其中，作为第二完成人完成的"新兽药'喹烯酮'的研制与产业化"获 2009 年度国家科技进步二等奖和 2007 年度甘肃省科技进步一等奖；2011 年度获第八届甘肃青年科技奖；作为主持人完成的"药用化合物阿司匹林丁香酚酯的创制及成药性研究"获 2013 年度中国农业科学院科技成果二等奖和 2015 年度兰州市科技发明三等奖；作为第六完成人完成的 "新型安全禽畜呼吸道感染性疾病防治药物的研究与应用" 获 2018 年度甘肃省科技进步一等奖；作为第七完成人完成的 "农牧区动物寄生虫病药物防控技术研究与应用" 获 2013 年度甘肃省科技进步一等奖；作为第三完成人完成的 "中兽药注射液'乳源康'的研制与应用" 获 2006 年度兰州市科技进步二等奖；作为第五完成人完成的 "纳米载药系统的研究与应用" 获 2012 年度中国农业科学院科技成果二等奖；作为第五完成人完成的 "纳米载药技术的研究与应用" 获 2013 年度兰州市技术发明一等奖；获 2009 年度兰州市职工技术创新带头人称号。获国家一类新兽药证书 2 项，三类新兽药证书 1 项；获授权的国家发明专利 15 项。在国内外学术刊物上发表论文 220 余篇，其中在 SCI 收录期刊发表论文 38 篇，第一作者和通讯作者 31 篇；出版著作 5 部，其中，主编 3 部，副主编 1 部。培养研究生 30 余名。

5. 兽药创新与安全评价创新团队

现有固定人员 9 人，其中正高职称 3 人，副高职称 5 人，中级职称 1 人；博士后 1 人，博士 2 人，硕士 4 人；流动人员 3 名，硕士研究生 8 名，博士研究生 3 名，国外访问学者 1 名（表 3-5）。团队固定人员成员分别拥有微生物学、分子生物、药物分析、药理毒理学、药学、临床学等专业人才。兽药创新与安全评价团队以兽用生物大分子药物的创制、药物制备技术与基础理论研究、药物作用机理和安全评价研究作为长期目标，主要开展新药筛选研究，重点开展药物靶标筛选、生物药物制备、药物设计以及制备工艺研究；药物制剂制备技术研究，新型药物制剂材料的开发，药物制剂生物等效性研究和新药申报；药物毒理学药理学研究，安全试验与风险评估，药物残留监测技术与评价，耐药性机理与临床药效学研究。

表 3-5　兽药创新与安全评价创新团队人员情况

人员组成	姓名	性别	职称	学历	学位	专业方向
首席	张继瑜	男	研究员	研究生	博士	兽医药理毒理学
骨干	周绪正	男	研究员	本科	学士	临床兽医学
	潘虎	男	研究员	本科	学士	临床兽医学
	牛建荣	男	副研究员	研究生	硕士	临床兽医学
	李冰	女	副研究员	研究生	硕士	药物分析

（续表）

人员组成	姓名	性别	职称	学历	学位	专业方向
助理	魏小娟	女	副研究员	研究生	硕士	分子生物学
	程富胜	男	副研究员	研究生	博士	兽医药理学
	苗小楼	男	副研究员	本科	学士	药学
	尚小飞	女	助理研究员	研究生	硕士	微生物学

　　兽药创新与安全评价团队在细菌耐药性机理研究和生物药物靶标筛选方面取得了大量的研究积累。近年来，团队先后承担5项国际自然基金项目，对肠道福氏志贺菌的多药耐药性机理展开研究，已阐明核酸突变机理和2个膜蛋白控制途径的筛选工作。在转录组变化基础上筛选出了相关上调和下调基因群，并正在开展基因组全序列的测序研究工作。在承担的"863"计划课题等项目支持下，对动物原虫膜蛋白表面药物靶标筛选进行了研究，成功筛选了红细胞表面2个药物结合靶蛋白，并开展了药物与靶标结合试验，为新兽药的开发奠定了基础。

　　张继瑜，研究员，博士，博士研究生导师。现任中国农业科学院兰州畜牧与兽药研究所副所长，中国农业科学院兽药创新与安全评价创新团队首席，国家肉牛牦牛产业技术体系岗位科学家。兼任农业部兽药创制重点实验室、甘肃省新兽药工程重点实验室、甘肃省兽药工程技术研究中心主任，中国畜牧兽医学会理事，中国畜牧兽医学会兽医药理毒理学分会副理事长，国家兽用化学药物产业技术创新战略联盟副理事长，农业部新兽药评审委员会委员。入选中国农业科学院农科英才，"百千万人才工程"国家级人选，全国农业科研杰出人才，国家有突出贡献中青年专家，甘肃省领军人才第一层次，国务院政府特殊津贴获得者。

　　先后主持国家科技支撑计划项目、国家自然科学基金、"863"计划课题、省部重点科研项目20多项。发表论文200多篇，其中SCI收录20余篇。获国家和省部等科技奖励9项，其中国家科技进步二等奖1项，省部科技进步一等奖2项、二等奖3项；研制并取得国家一类新兽药证书2项，二类新兽药证书2项，三类新兽药证书1项。主编出版著作9部，培养研究生32名，获得国家发明专利15项。

　　主要研究方向为兽用化学原料药及新制剂的研制、兽药制备技术、细菌耐药机理研究。在新兽药研制与应用方面，重点开展抗寄生虫、抗菌兽用原料药以及药物制剂制备技术研究，开展抗寄生虫药物的活性与作用靶标筛选，揭示抗虫机制并为抗原虫药物开发奠定基础。在药物载药技术研究方面，重点开展药物的溶解性、缓控释性和载药系统研究；在细菌耐药性机理研究方面，主要开展动物肠杆菌耐药机理以及传播机制研究，重点围绕草原牧区、农牧交错区和集约化农区养殖环境中牛肠道细菌耐药性的现状、分布规律和传播机制，为耐药性控制和生产合理用药提供理论支撑。兼职甘肃农业大学、黑龙江八一农垦大学、宁夏大学博士研究生导师，任《中国兽医科学》《中国兽药杂志》《黑龙江畜牧兽医杂志》《动物医学进展》杂志编委，《Journal of Ethnopharmacology》《Journal of Entomology and Nematolog》《Arabian Journal for Science and Engineering》杂志审稿人。

6. 中兽医与临床创新团队

现有固定人员 14 人，其中正高职称 5 人，副高职称 5 人，中级职称 4 人；具有博士学位 5 人、硕士学位 5 人；在读硕士研究生 13 人，博士研究生 4 人（表 3-6）。主要从事中兽医基础理论、中兽医针灸、中兽医资源与利用、兽医临床检验及诊断技术与标准、兽医临床药理与毒理、中兽药复方新制剂创制、兽医临床微生物与免疫学、中兽药临床前评价、宠物疾病和经济动物疾病、中兽医分子生物学、中兽药发酵、中兽医现代化等研究工作。

表 3-6 中兽医与临床创新团队人员情况

人员组成	姓名	性别	职称	学历	学位	专业方向
首席	李建喜	男	研究员	研究生	博士	中兽医药
骨干	郑继方	男	研究员	本科	学士	中兽医临床
	王学智	男	研究员	研究生	博士	基础兽医
	罗超应	男	研究员	本科	学士	中兽医辨证分型
	罗永江	男	研究员	本科	学士	中兽医临床
	李锦宇	男	副研究员	本科	学士	中兽医针灸
	王旭荣	女	副研究员	研究生	博士	分子生物学
	王贵波	男	副研究员	研究生	硕士	中兽医针灸
	张景艳	女	副研究员	研究生	硕士	中兽医现代化
	辛蕊华	女	副研究员	研究生	硕士	中兽药现代化
助理	张凯	男	助理研究员	研究生	博士	中兽医现代化
	王磊	女	助理研究员	研究生	硕士	分子生物学
	仇正英	女	助理研究员	研究生	博士	中兽医针灸
	张康	男	助理研究员	研究生	硕士	分子生物学

中兽医与临床团队自建立以来，研发实力在我国中兽医药行业内和动物保健技术创新方面一直处于国内领先地位。研发的技术是中兽医药创新研究的源泉，培育的成果是中兽医行业的引领，培养的人才中兽医行业的支柱，在我国中兽医领域发挥带头作用。"十一五"以来，中兽医理论与方法研究团队是国家科技支撑计划"中兽医药现代化研究与开发"项目、农业部公益性行业（农业）科研专项"中兽医药生产关键技术研究与应用"项目、国家基础性工作专项"传统中兽医药资源整理和抢救"等重大项目的首席科学家单位，是甘肃省中兽药工程技术研究中心、甘肃省兽药重点实验室、科技部中兽医药学援外培训基地、中国畜牧兽医学会中兽医分会理事、西北中兽医学分会的挂靠单位。现有国家农业部兽药评审专家 3 人，国家现代农业产业技术体系岗位科学团队 1 个。

首席科学家：李建喜，研究员，博士，博士生导师。自 1995 年 6 月甘肃农业大学兽医系毕业以来，一直在中国农业科学院兰州畜牧与兽药研究所工作，期间于 1999—2001 年和 2003—2006 年在中国农业科学院研究生院上学并获硕士和博士学位。曾任中国农业科学院兰州畜牧与兽药研究所中兽医（兽医）研究室副主任、主任等职务，2017 年 9 月任研究所副所长职务，2018 年入选甘肃省第二层次领军人才。是中国农业科学院科技创新工程中兽医与临床创新团队首席专家，兼国家现代农业奶牛产业技术体系疾病防控研究室主任，甘肃省中兽药工程技术研究中心主任，中国兽医协会中兽医分会会长，亚洲传统兽医学第三届理事会副理事长，甘肃省感染与免疫专业委员会副主任，农业农村部新兽药评审专家，《畜牧兽医学报》和《FOOD CHEM》等杂志审稿专家。

自参加工作以来，先后从事兽医病理、动物营养代谢病与中毒病、兽医药理与毒理、奶牛疾病防治、中兽医药现代化等研究工作。先后完成国家和省部级科研项目 40 余项，其中主持 24 项，包括国家自然基金面上项目、国家科技支撑计划课题、国家公益性行业（农业）科研专项课题、国家科技基础性工作专项课题、农业部"948"计划项目、国家重点研发计划课题、甘肃省农业科技重大专项、甘肃省生物技术专项、中国西班牙科技合作项目、中泰科技合作项目等。先后获科技奖励 7 项，其中省部级奖励 3 项，院厅级奖励 4 项；发表论文 150 多篇，其中第一作者和通讯作者发表 100 多篇；获国家发明专利授权 13 项，研制中兽药新产品 6 个，出版著作 8 部；培养研究生 30 多名，为基层及企业培训人员 3 000多人次。

7. 细毛羊资源与育种创新团队

细毛羊资源与育种创新团队现有固定人员 9 人，其中正高职称 1 人，副高职称 5 人，中级职称 3 人；博士 4 人，硕士 3 人；博士生导师 1 人，硕士生导师 4 人；现代农业产业技术体系岗位科学家 1 人，中国畜牧兽医学会养羊学分会副理事长兼秘书长 1 人，中国牛羊产业协会特聘专家 1 人，中国农业科学院杰出人才 1 人（表3-7）。团队分别有从事细毛羊资源、遗传育种、繁殖调控技术、生物技术、营养、标准规模化生产、羊毛质量控制技术研究、羊毛检测等方面的研究的专业技术人才。科研辅助人员 8 人，其中在读博士研究生 2 人，硕士研究生 4 人，留学生 1 人，客座研究生 1 人。团队主要从事细毛羊种质评价和遗传分析，挖掘重要性状基因与调控元件，阐明控制重要性状形成机理的分子调控机制，创制育种素材，研究细毛羊分子标记辅助选择、转基因、品种分子设计等分子育种关键技术，优化联合育种、ONBS、BLUP 等常规育种技术，搭建常规育种与分子标记辅助育种相结合的新品种育种技术平台，建立细毛羊标准规模化养殖及产业化技术体系，培育出具有自主知识产权的高山美利奴羊新品种。

表 3-7　细毛羊资源与育种创新团队人员情况

人员组成	姓名	性别	职称	学历	学位	专业方向
首席	杨博辉	男	研究员	研究生	博士	动物遗传育种
骨干	孙晓萍	女	副研究员	本科	学士	动物繁殖
	郭　健	男	副研究员	本科	学士	动物遗传育种
	牛春娥	女	副研究员	研究生	硕士	动物遗传育种
	刘建斌	男	副研究员	研究生	博士	动物遗传育种
	岳耀敬	男	副研究员	研究生	博士	动物生物技术
助理	袁超	男	助理研究员	研究生	博士	动物生物技术
	郭婷婷	女	助理研究员	研究生	硕士	动物生物技术
	冯瑞林	男	助理研究员	本科	学士	动物繁殖

细毛羊资源与育种创新团队在羊新品种（系）遗传资源挖掘、育种素材创制、繁殖新技术研发和新品种（系）培育等方面取得了一系列重大突破，已形成结构相对合理、人才队伍较为稳定的科技创新团队。该团队针对我国畜牧业生产中亟待解决的科学理论和技术问题，研究内容涉及藏羊、细毛羊及肉羊遗传育种、繁殖、生态、健康养殖及产业化等诸多方面，重点开展基础与应

用基础研究,解决草食动物生产中的基础性、关键性、方向性重大科技问题。目前,细毛羊资源与育种创新团队按照现代畜牧科学技术的发展要求,从最初的草食动物资源利用与常规育种,逐步发展为以生物技术与传统育种技术相结合的现代草食动物遗传资源创新利用与品种培育。以基础、应用基础研究为主线,开展羊新品种培育,实现畜禽遗传资源创新利用,研究解决草食家畜生产中的关键性、方向性并具有重大经济效益的科技问题,逐步建成科技优势明显、科研队伍一流、科研平台先进和试验基地完善的学科体系。

在羊遗传育种研究方面,通过传统育种技术,结合现代分子生物学技术手段,实现了细胞、个体、群体和生态水平的有机结合,构建了胚胎工程、基因工程、蛋白质组学等一系列科研平台和技术库,开展了细毛羊、藏羊、肉羊的生长、肉质、毛皮、繁殖力等方面的重要经济性状分子遗传基础研究,对控制上述经济性状的主效基因进行分了解析;在动物繁殖调控技术方面,开展了羊冻精、胚胎移植研究,建立了以肉羊、细毛羊等草食家畜新品种(系)培育、主要经济性状遗传规律和形成机理、种质资源生物学评价、羊繁殖育种新理论、新方法和新技术等基础和应用基础研究体系。

首席科学家:杨博辉,博士研究生,三级研究员,博(硕)士生导师。现为国家现代农业产业技术体系岗位科学家,中国农业科学院细毛羊资源与育种创新团队首席科学家,中国农业科学院羊育种工程技术研究中心主任。兼任中国畜牧兽医学会养羊学分会副理事长,中国畜牧业协会羊业分会专家委员会委员,中国农业科学院学位评定委员会畜牧与草业学科评议组委员,中国博士后基金评审专家,全国优秀博士论文评审专家,国家科技型中小企业技术创新基金评审专家,国家创新人才推进计划评审专家,国家(省部)科技奖励评审专家,《Journal of Integrative Agriculture》SCI论文审稿专家,《中国草食动物科学》编委,民盟甘肃省委员会委员与科技工作委员会副主任。国务院政府特殊津贴专家,全国农业先进个人,中国农业科学院农科英才领军人才,中国农业科学院青年文明号创新团队,荣登中国农业科学院"弘扬爱国奋斗精神,建功立业新时代"光荣榜。

主要从事动物遗传育种与繁殖研究,在细毛羊新品种培育、育种理论与技术方法创新及羊绿色发展技术集成模式研究等重点研究方向取得了重大突破。先后主持完成国家"863"计划、国家现代农业产业技术体系专项、国家支撑计划、国家基础专项、中国农业科学院创新工程及甘肃省重大专项等项目20余项。已主持培育出"高山美利奴羊"和参加培育出"大通牦牛"两个国家级家畜新品种；获国家和省（部）级科技奖励6项，2016年"高山美利奴羊新品种培育及应用"获甘肃省科技进步一等奖和中国农业科学院科技杰出创新奖（第一完成人），2008年"优质肉用绵羊产业化高新高效技术研究与应用"获甘肃省科技进步二等奖（第一完成人），2005年"中国野牦牛种质资源库体系及利用"获中国农业科学院科技进步一等奖（第二完成人），2007年"大通牦牛新品种及培育技术"获国家科技进步二等奖（第七完成人），2005年"大通牦牛新品种及培育技术"获甘肃省科技进步一等奖（第七完成人）；授权发明专利15项；发表论文193篇，SCI 20篇；制定国家（部）颁标准8项；主编出版《甘肃高山细毛羊的育成和发展》《适度规模肉羊场高效生产技术》《中国野生偶奇目动物遗传资源》《Sustainable Goat Production in Adverse Environments：Volume I-part Ⅵ-Conservation and Utilization of Indigenous goats and Breeding of New Breeds in China. Volume Ⅱ-part I-Chinese Indigenous Goat Breeds》著作4部，副主编和参编著作5部。主持建成农业部动物毛皮及制品质量监督检验测试中心（兰州）、农业部畜产品质量安全风险评估实验室（兰州）和中国农业科学院羊育种工程技术研究中心。培养国内外博（硕）士研究生30名。作为高级访问学者多次在国外学术团体开展学术报告和交流。

8. 寒生、旱生灌草新品种选育创新团队

寒生、旱生灌草新品种选育团队依托中国农业科学院兰州畜牧与兽药研究所草业饲料研究室，从1957年的原西北畜牧兽医研究所畜牧室牧草组开始就从事牧草新品种选育及推广。现有兰州大洼山（500亩）和张掖（3 000亩）2个研发基地，4个实验室、1个牧草标本室和4个野外科学观测试验站。创新团队现有固定科技人员15人，其中博士7人，硕士6人（表3-8）。该创新团队以我国西北主要寒生、旱生灌草种质资源鉴定发掘、新种质材料创造等研究为基础，开展西北旱生、寒生灌草种质资源的收集、整理、鉴定、新品种选育与开发利用，运用常规育种技术与生物技术育种相结合的方法，培育具有显著地域特色的寒生、旱生灌草新品种，发掘和创造一批具有优异性状的灌草种质材料和基因资源。引种驯化一批优异灌草野生资源，研究其栽培、繁育及其应用关键技术，并建立示范基地及开展野生栽培品种的选育。共完成各级各类科研课题120余项。培育成功国家牧草新品种"中兰1号"苜蓿、333/A春箭筈豌豆、"中兰2号"苜蓿、"中天1号"苜蓿、陇中黄花补血草5个，审定通过甘肃省牧草新品种"中兰2号"紫花苜蓿、海波草地早熟禾、陆地中间偃

麦草、航首 1 号紫花苜蓿和陇中黄花矶松 5 个。获国家科技进步二、三等奖各一项，省、部级奖 12 项。主编出版学术专著和教科书 40 余部，在核心刊物发表学术论文 180 余篇，获国家发明专利和实用新型专利计 100 多项。

表 3-8　寒生旱生灌草新品种选育创新团队人员情况

人员组成	姓名	性别	职称	学历	学位	专业方向
首席	田福平	男	副研究员	研究生	博士	牧草资源与育种
骨干	李锦华	男	副研究员	研究生	博士	牧草育种
	时永杰	男	研究员	本科	学士	牧草资源与育种
	王晓力	女	副研究员	研究生	硕士	牧草加工
	路　远	女	副研究员	研究生	硕士	牧草种质资源
助理	张　茜	女	助理研究员	研究生	博士	牧草生物技术
	杨红善	男	助理研究员	研究生	博士	牧草育种
	周学辉	男	助理研究员	本科	学士	草地生态
	张怀山	男	助理研究员	研究生	博士	种质资源与育种
	胡宇	男	助理研究员	研究生	硕士	牧草种质资源
	王春梅	女	助理研究员	研究生	硕士	牧草逆境生理
	朱新强	男	助理研究员	研究生	硕士	牧草生态
	贺洞杰	男	助理研究员	研究生	硕士	分子生物学
	崔光欣	女	助理研究员	研究生	博士	牧草营养
	段慧荣	女	助理研究员	研究生	博士	牧草逆境生理

　　首席科学家：田福平，男，汉族，中共党员。草种质资源与育种方向博士，硕士生导师，副研究员。1997 年 6 月毕业于甘肃农业大学林学院，获农学学士学位；2004 年 6 月毕业于甘肃农业大学草业学院，获农学硕士学位；2015 年 6 月毕业于甘肃农业大学草业学院，获农学博士学位。现为中国农业科学院科技创新工程寒生旱生灌草新品种选育创新团队首席专家。

　　自从 2004 年参加工作以来，一直从事牧草种质资源与育种、牧草栽培及草地生态等方面的科研工作。先后参加国家、部、省级相关研究项目 60 余项，主持项目 10 余项。主持的项目有国家自然基金面上项目、中国农业科学院创新工程专项资金项目、国家科技支撑计划子课题、西藏自治区"十二五"科技计划项目和中央级公益性科研院所基本科研业务费专项资金项目等。参与的重要项目有国家高技术产业化示范工程项目、国家重点基础研究发展"973"计划课题、国家科技基础条件平台工作项目、国家科技支撑计划项目、"十二五"农村领域国家科技计划课题和公益性行业（农业）科研专项等。获甘肃省科技进步奖二等奖 2 项，中国农业科学院科学技术成果奖二等奖 1 项，作为主要育成人选育国家牧草新品种 1 个，省级牧草新品种 1 个；获发明专利 2 项。发表学术论文 90 余篇，其中 SCI 收录 10 余篇。参编著作 10 部，其中主编著作 6 部。

第四章　创新团队总体进展

第一节　内部机制创新进展

机制创新是中国农业科学院科技创新工程的主要目标之一。通过创新工程建设，使研究所科技资源配置更加合理，科技人员的绩效考评更加有效，最大限度地提高创新活力和创新效率，在国家农业科技创新中发挥更加重要的作用。按照中国农业科学院科技创新工程建设的总要求，制定了研究所创新工程实施方案，研究所在用人机制、考核评价、绩效奖励等方面进行了一系列的探索。初步实践表明，内部机制的创新，激发了科技人员的积极性和创造性，对促进创新工程实施和研究所全面发展发挥了重要作用。

1. 聘用能者的用人机制

按照创新工程建设要求，制定了《兰州畜牧与兽药研究所科技创新工程岗位暨薪酬管理办法》，创新团队组成上，实行"按需设岗、按岗聘人、岗位固定、人员流动"的用人机制。在中国农业科学院科技创新团队申报遴选中，研究所优化组建了8个创新团队，按照1：6：7的比例设置了首席科学家、骨干专家、研究助理，在全所范围内公开招聘了岗位人员。聘用中，按照条件实行逐级聘用，研究所聘首席，首席聘骨干和研究助理，不论资排辈，能者入聘，大胆使用年轻科技人员。在管理上实行动态管理，根据研究任务需要和工作表现，随时进行人员调整。

建立了竞争流动的用人机制。制定了《兰州畜牧与兽药研究所科技创新工程岗位暨薪酬管理办法》，实行"按需设岗、按岗聘人、岗位固定、人员流动"的竞争、流动的用人机制。

实行竞争上岗制度。按照"公开、公平、公正"的原则，根据岗位任职条件和有关规定，公开招聘各创新岗位人员。

实行分级聘用制度。遴选组建了8个创新团队，对团队成员，按照岗位职责和聘用条件，逐级聘用。研究所聘用团队首席专家，首席专家聘用骨干专家和研究助理，不论资排辈，能者入聘，大胆使用年轻科技人员。

实行动态管理。根据任务需要和工作表现，随时进行团队成员调整。给有能力、有思想的人才充分的展现机会。对未进入创新团队的人员，依据专业及团队需求和工作任务，将其纳入相应创新团队，并由团队统一组织管理，统一确定研究任务，统一实施考核。

2. 定量考核的评价机制

实行以创新团队为单元的定量考核办法，精准地评价人才贡献。制定了研究所《科研人员岗位业绩考核办法》，以团队成员职称和岗位两个要素为依据，编制创新团队人员年度工作量清单，抓住"两头"即一头重视团队科研投入（占40%），另一头突出团队科研产出（占60%），按团队全体成员岗位系数总和、团队成员职称确定团队年度岗位业绩考核任务量。业绩考核与绩效奖励直接挂钩。主要考核项目包括获得科研项目、获奖成果、认定成果和知识产权、论文著作、成果转化、人才培养、平台建设、国际合作等。对上述考核内容和赋分标准，每年进行调整完善，以更充分地反映考核导向和科技人员业绩。

3. 措施有力的激励机制

制定研究所《工作人员工资分配暂行办法》《奖励办法》《科研人员岗位业绩考核办法》《管理服务人员岗位业绩考核办法》。实行"基本工资+岗位津贴+绩效奖励"的三元薪酬分配机制，其中，基本工资是固定的，与职称、工龄相关；岗位津贴根据承担的科研任务来确定的，是不固定的，不分职称，不论年龄；绩效奖励按照贡献，包括争取项目、科技成果、论文著作、专利及成果转化、各种荣誉等，逐一核算奖励。制定《职称评审赋分内容与标准》，实行定性与定量相结合，以定量为主的职称评审办法，不搞论资排辈，使工作业绩突出的优秀人才能够尽快尽早评审相应的技术职务，从机制上为优秀人才职务晋升开辟了通道。制定《工作人员年度考核实施办法》，明确提出了获得各项成果奖励、发表有重要影响的论文等，在年度考核中可以直接确定为优秀等次，鼓励科技人员多出成果，多出论文，多出成绩。

4. 健全完善的管理制度

为更好服务科研，深刻领会中央财政科研项目资金管理精神，研究所先后制修订了《兰州畜牧与兽药研究所科研项目（课题）管理办法》《兰州畜牧与兽药研究所奖励办法》《兰州畜牧与兽药研究所硕博连读研究生选拔办法》《兰州畜牧与兽药研究所因公临时出国（境）管理办法》《兰州畜牧与兽药研究所科研副产品管理暂行办法》《兰州畜牧与兽药研究所公务接待管理办法》《兰州畜牧与兽药研究所差旅费管理办法》《兰州畜牧与兽药研究所公务用车管理办法》《兰州畜牧与兽药研究所档案查询借阅规定》《兰州畜牧与兽药研究所试验基地管理办法》《兰州畜牧与兽药研究所青年英才管理办法》等制度，大幅提高研究所科研人员科技成果转化与服务报酬，进一步规范科研副产品的使用管理，给予科研人员到边远地区出差无法取得住宿发票的实际考虑，着力改善科研环境，确保科研工作的顺利开展。

第二节　学科调整优化进展

1996 年 11 月两所合并后，为加强科研创新能力条件建设，确定开展草食动物育种、繁殖、饲养及兽药、中兽医等应用基础、应用和开发研究。

2000 年 11 月，根据学科特点，进行了调整和合并，按照学科设置了相应的研究部门，形成了畜牧学、兽用药物学、中兽医学及草业饲料学 4 个一级学科，草食动物和野生动物种质资源收集、保护与利用，草食动物遗传育种与繁殖，牧草种质资源保护与利用，牧草（草坪草）育种与草地生态学，畜禽疾（疫）病诊断与防治，中兽医学，兽医药（毒）理学，兽医药学、中兽药学与药剂学 8 个重点学科。

2009 年，在 8 个重点学科建设的基础上，着力整合确定了"药物筛选与评价""中国牦牛种质创新与资源利用""中兽医药学现代化研究"和"旱生牧草种质资源与牧草新品种选育" 4 个中国农业科学院科技创新团队，在此基础上又确立了"化学药物研究与开发""天然药物的研究与开发""中国牦牛种质创新与资源利用""奶牛疾病诊断和防治创新团队""中兽医药现代化研究""绵羊新品种（系）培育""草业科学创新团队" 7 个所级创新团队。

2012 年，根据中国农业科学院《关于开展学科调整与建设方案编制工作的通知》文件精神，组织学术委员会对研究所药、畜、病、草四大学科的创新建设提出指导意见，编写了《研究所学科调整与建设方案》，最终在充分考虑研究所工作基础、优势和特色的前提下，以4大学科为支点，调整并形成了"草食动物遗传育种与繁殖""草食动物营养""兽用化学药物""兽用天然药物""兽用生物药物""中兽医学""临床兽医学""牧草遗传育种""草地利用与环境监测"9个优势学科领域，凝练出"牦牛种质资源保存利用与创新"等20个研究方向。

2013年，研究所在申报院科技创新工程的基础上，结合院学科设置简表确定的学科领域及研究方向为"动物资源与遗传育种""牧草资源与育种""动物营养""兽药学""中兽医与临床兽医学"5个学科领域，"牦牛资源与育种""细毛羊资源与育种""草食动物营养""兽用化学药物""兽用天然药物""兽用生物药物""中兽医理论与临床""奶牛疾病"和"旱生牧草资源与育种"9个重点学科方向。

2016年，院里要进行学科体系优化调整，根据工作需求，我们在原有基础上增加了质量安全与加工和资源与环境2个学科集群，动物生物技术与繁殖、畜产品质量安全、农业生态3个学科领域，牧草航天育种、牛羊基因工程与繁殖、草食家畜畜产品质量与安全评价、荒漠草原生态保护和修复、兽药残留与微生物耐药性、中兽药创制与应用、针灸与免疫、畜禽普通病诊断与防控、畜禽营养代谢与中毒病等9个重点研究方向，计划为今后科研布局做好初步框架。

2017年到2018年，院里发布了学科体系优化调整方案，对交叉重叠的学科领域及重点方向进行了合并，从"8大学科集群—134个学科领域—309个研究方向"修改为"9大学科集群—61个学科领域—194个重点方向"，最终又修改为"9大学科集群—57个学科领域—302个重点方向"，对照研究所现有学科设置，主要集中在畜牧、兽医2大学科集群，动物遗传育种、草业科学、动物营养与饲养、动物兽用药物、临床兽医学5个学科领域，牛遗传育种、羊遗传育种、牧草遗传育种、家畜营养与饲养、兽用化学药物、兽用天然药物、兽药残留与安全评估、中兽医理论与临床、兽医临床诊疗9个重点方向。

第三节 基础研究进展

1. 牦牛生长发育性状相关功能基因研究

克隆了牦牛与肉质性状相关的 ADIPOQ 和 CAST 基因，并对其核酸序列和蛋白质序列进行了分析，发现牦牛 CAST 基因的编码蛋白与奶牛相应序列存在变异，并且这种变异有可能造成蛋白质功能的变化。采用时实荧光定量的方法，检测了牦牛和奶牛 8 种组织中的 ADIPOQ、MSTN、MYF5、LPL 和 FABP 基因的转录水平，发现各基因在不同牛种的不同组织中的转录水平存在一定的差异，这些差异有可能是造成牦牛和奶牛肉质不同的原因；检测了与牦牛适应性相关的 HIF-1A 和 PPARG 基因在不同组织中的表达变化，发现 PPARG 基因在牦牛和奶牛的脾脏中转录水平存在差异，而 HIF-1A 基因则不存在统计学上的差异。对牦牛 LF 基因的 mRNA 表达水平和蛋白质表达水平进行了检测，在 mRNA 表达水平的检测上，发现牦牛和奶牛该基因在不同组织中的表达不尽相同；在蛋白质表达水平的检测上，发现海北州牦牛乳中的 LF 蛋白水平要高于甘南牦牛和天祝白牦牛。在大肠杆菌中表达了牦牛的 LF 蛋白，并对牦牛乳中的 LF 蛋白进行了纯化，采用分子筛和离子柱相结合和方法得到了纯度较高的牦牛 LF 蛋白。

2. 牦牛卵泡液差异蛋白质组学研究

以青海高原牦牛卵泡液与血浆为研究对象，利用 2-DE 技术获得了分辨率较高、背景清晰、重复性好的卵泡液与血浆蛋白质电泳图谱，卵泡液与血浆蛋白质图谱对比分析共发现了 24 个差异表达蛋白质，其中 2 个蛋白质点表达上调，22 个蛋白质点表达下调。经质谱分析，最终成功鉴定出 8 个蛋白质点、5 个未知蛋白质点。成功建立并优化完善了牦牛卵泡液双向电泳技术平台。以繁殖期青海高原牦牛卵泡液为对象，利用双向电泳技术构建牦牛成熟卵泡液与未成熟卵泡液蛋白质双向电泳图谱，银染后利用 Image master 2D platinum 软件分析并采用 MALDI-TOF-MS/MS 进行质谱鉴定，选取 Trassferin 和 ENOSF1 进行 Western blot 验证分析。结果表明：利用 2-DE 技术获得了分辨率较高、重复性好的的牦牛成熟卵泡液与未成熟卵泡液蛋白质电泳图谱，二者蛋白质图谱对比分析共发现了 12 个差异表达蛋白质，其中 10 个蛋白质点表达上调，2 个蛋白质点表达下调。Western blot 结果表明，Transferrin、ENOSF1 蛋白随着卵泡的发育其表达量呈增加趋势。该研究成功构建的卵泡液蛋白质图谱及分离鉴定的差异蛋白质，为从蛋白质水平揭示繁殖季节牦牛卵泡发育规律及了解卵母细胞发育的微环境提供了试验数据。

3. 牦牛乳铁蛋白构架与抗菌机理研究

对多个牦牛的 LF 基因的编码区进行了克隆，将其与奶牛的相应序列进行了比对，确定了牦牛与奶牛相比 LF 蛋白的氨基酸突变位点；将牦牛 LF 基因进行密码子优化后，转入毕赤酵母表达菌 X-33 细胞中，选取个阳性克隆进行表达，使牦牛 LF 蛋白在 X-33 细胞中成功分泌表达；对 LF 蛋白和 Lfcin 3 种多肽进行抑菌实验，确定了蛋白和多肽的抑菌能力与抑菌浓度；检测了奶牛和牦牛 LF 蛋白在不同组织中的表达量，结果表明 LF 蛋白的表达在卵巢、脾脏和胰腺中的表达量较高，而在肺脏和肝脏中基本没有表达。

4. 牦牛成肌细胞增殖和分化的调控机制研究

分别构建牦牛胚胎期 90 天和出生后 60 月龄成年牦牛背最长肌组织小RNA 测序文库，利用深度测序的方法鉴定牦牛背最长肌不同发育阶段 miRNA 表达规律。发现有 235 个 microRNAs 在胚胎期 90 天上调，29 个在出生后 60 月龄表达上调。将差异 microRNAs 与前期挖掘的冷季和暖季牦牛肌肉中差异表达 miRNAs 求交集，发现 miR-652 为两组数据中共同的差异基因，且 miR-652 表达量在胚胎期 90 天时显著高于生后 60 月龄。利用 qPCR 检测 miR-652 在成肌细胞不同分化时期的表达量，发现在成肌细胞分化过程中 miR-652 的表达显著上升。通过 CCK-8 和 EdU 方法检测 miR-652 对 C2C12 细胞增殖的作用，发现过表达 miR-652 可显著促进成肌细胞的增殖。

5. 牦牛高原低氧适应性的分子生物学研究

（1）不同海拔梯度牦牛血浆差异蛋白验证分析

为进一步揭示牦牛高寒低氧适应的生理机制，运用 2-DE 技术，比较筛选不同海拔牦牛血清中的差异蛋白。将鉴定出的差异蛋白质建立基因调控网络、进行 KEGG 通路分析、GO 注释及蛋白质相互作用分析。检索并鉴定出与低氧胁迫发生发展相关的候选标志物 transferrin、hemoglobin beta。经 West-blotting

进一步验证分析，提出了牦牛血液 transferrin 表达增加，可能是其高寒低氧适应的重要原因之一。不同海拔梯度牦牛血浆差异表达蛋白 GO 分析结果发现这些蛋白质主要分布在线粒体、膜和细胞质中，以结合、代谢活性和转运等功能为主，参与代谢和转运等生物学过程。上调蛋白如 Complement factor B、transferrin、hemoglobin 等主要分布在线粒体、膜和细胞质中。说明牦牛对青藏高原高寒低氧的适应可能与线粒体功能的及能量代谢有很大的关系。而且随着海拔升高，血液转铁蛋白丰度升高；补体因子 B 在天祝样品高表达，在甘南和西藏样品表达量较低；血红蛋白在甘南样品高表达，在天祝和西藏样品低表达，这说明牦牛对高海拔低氧的适应并不是从增加血红蛋白浓度上来实现的，可能是提高了血红蛋白输送氧气的能力和效率。

（2）牦牛线粒体 iTRAQ 蛋白组学研究

对鉴定到的牦牛线粒体肽段进行查库检索（uniprot 数据库，uniprot bovine. fasta，收录序列 31 595 条），结果合并后以 Peptide FDR ≤ 0.01 筛选过滤，最终鉴定到唯一肽段 5 604 条，分属于 602 个蛋白质组。以 1.2 倍差异、P<0.05 为筛选条件，共筛选出 72 条差异蛋白。利用本地化序列比对软件 NCBI BLAST +（ncbi－blast－2.2.28＋－win32. ext）将鉴定到的蛋白质与 SwissProt Mammal 数据库中的蛋白质序列进行比对。所得的比对相似性范围为 37%~100%，其中大部分目标蛋白序列的比对相似性为 85% 或以上。

（3）牦牛卵泡液与血液蛋白质图谱构建及质谱鉴定

采集繁殖与非繁殖季节牦牛卵泡液与血液，比较不同的蛋白制备方法，寻找适合牦牛卵泡液的双向电泳样品制备方法，提高 2－DE 图谱的分辨率和重复性。利用 Proteo Extract Albumin/IgG Removal Kit 去除高丰度蛋白，使用 Bradford 法定量蛋白，确定了双向电泳技术参数，建立了 IEF 为 pH 值 3~10 13cm IPG 胶、SDS－PAGE 为 12% 的聚丙烯酰胺凝胶卵泡液双向电泳技术平台。上样量为 100μg 时，获得了较好质量的牦牛繁殖季节大（卵泡直径 >8mm）、小（卵泡直径 <5mm）卵泡液蛋白图谱，并获得约 70 个蛋白点，Image MasterTM 分析差异蛋白质点，MALDI－TOF/TOF 鉴定蛋白质，成功鉴定 33 个差异蛋白点，差异蛋白的功能正在鉴定与分析中。牦牛卵泡液蛋白双向电泳平台的建立，为后续挖掘与鉴定影响牦牛卵泡发育季节性繁殖规律的蛋白奠定了基础。

6. 牦牛营养调控研究

（1）犊牛代乳料研制

根据牦牛犊牛生理特点与营养需要模式，设计了犊牛代乳料的配方，提出了合理的加工工艺，研制出了犊牛早期断奶专用颗粒开食料，加工犊牛补饲料2.5t。在夏河社区牧户中随机选择出生日期相近，健康无病，初生重相近的40头牦牛犊牛作为参试牛，分为试验组和对照组，每组20头。实验组使用代乳料，代乳料中添加0.2%加酶益生素；对照组正常哺乳，检测犊牛的体重变化情况，为犊牛早期断奶提供理论依据。

（2）牦牛乳营养成分分析

采集青海高原牦牛、甘南牦牛初乳、常乳，对比分析了蛋白质、乳脂、总固体含量、非脂乳固体含量、乳糖、密度、冰点和酸度等指标，其中青海高原牦牛初乳、常乳蛋白质、乳脂含量分别为 5.43%±0.53%、5.70%±1.44% 和 4.84%±0.24%、4.57%±1.48%，甘南牦牛初乳、常乳蛋白质、乳脂含量分别为 6.10%±0.57%、7.45%±1.92% 和 4.69%±0.28%、4.10%±2.28%；结果表明牦牛乳中营养成分含量随品种、饲养条件、地区海拔、季节变化、草场类型以及挤奶方式等不同存在差异。

7. 绵羊次级毛囊发生的分子调控机制研究

通过 RNA 质量检查、激光显微切割、RT-PCR 验证等方法获得高山美利奴羊基板期毛囊单细胞；采用 Illumina HiSeqTM2000 高通量测序技术对基板前期和基板期的毛囊单细胞进行高通量测序，通过生物学分析后获得 LncRNA884 个，其中 lincRNA622 个，intronic lncRNA188 个，anti-sense lncRNA74 个；应用链特异 RNA-seq 技术比较次级毛囊形态发生不同阶段（形态发生前期-87d、基板期-96d）的毛囊转录组特征，共获得新 LncRNA884 个，差异基因分析后其中 67 个上调、125 个下调；将 160 个具有功能注释信息的 DGE 富集到 1 023 个 Go term 中，其中生物学过程 590 条，分子功能 302 条，细胞组分 131 条；以 KEGG 数据库中 Pathway 为单位，应用 KOBAS（v2.0）对 DGE、、LncRNA 的 Pathway 进行显著性富集。在绵羊次级毛囊形态发生诱导阶段的差异基因富集到 136 个 Pathway 中，显著富集的信号通路为 PPAR signaling pathway 对预测的 LncRNA 的靶基因进行 Pathway 富集分析，将 13 个 LncRNA 的靶基因富集到 12 个 Pathway 中，但未有显著富集的 Pathway。

8. 高山美利奴羊遗传性状形成机制的研究

利用第二代全基因组高通量测序技术，分别对 40 个高山美利奴羊、苏博美利奴羊、中国美利奴羊、敖汉细毛羊和青海毛肉兼用细毛羊个体进行遗传结构及目标性状形成机制的研究，基于获得的品种遗传变异信息，结合表型性状数据，通过全基因组关联分析，对高山美利奴羊与其他 5 个细毛羊品种的羊毛纤维直径、羊毛自然长度、净毛量、羊毛束强，初生重、断奶重、周岁体重、成年体重，有角无角等性状进行定位，从而快速准确地大量获取性状相关的候选基因。对不同生态区域的细毛羊品种间进行选择消除分析，基于等位基因频率寻找不同细毛羊生态环境胁迫下的特异受选择区域，筛选获得低氧胁迫下的适应性性状及其他驯化性状相关的候选位点和基因组区段，并对受选择区域的基因进行功能注释和富集分析，挖掘与目标环境和驯化性状相关的基因或分子标记。根据 5 个细毛羊品种进行群体遗传结构分析，从群体亲缘关系和群体进化解释群体间的驯化差异、基因渗入和基因交流情况。同时从 GWAS 和群体遗传学方面对优良驯化性状和极端环境适应性相关基因或标记进行定位，结合 5 个细毛羊品种的群体结构差异，最终为揭示细毛羊优良驯化性状和极端环境适应性形成的分子遗传机制提供科学依据。

9. 细毛羊联合育种信息平台研究

搭建"细毛羊联合育种网络平台"门户网站 http：//59.110.27.117：8000/，主要包括政策法规、行业动态、育种技术、综合查询、网络育种、分子育种、专家在线、相关下载等内容。初步建成细毛羊生产性能数据库，可以收集细毛羊场配种、产羔、断奶和鉴定记录，然后将数据进行分类处理，可通过综合查询功能查询各个养殖场信息、生产性能数据统计和对比等数据。建设的细毛羊自动化云计算平台能够结合所收集的数据利用动物模型 BLUP 法，通过后台 ASReml 软件采用云计算技术进行遗传统计分析（包括计算各固定效应值、所有个体的近交系数、亲缘系数、后裔测定、育种值估计、遗传进展、选择进展、选择反应、选择强度、选择差、留种率、综合育种值和综合选择指数评估），计算结果通过查询功能向各场展现每只羊的遗传育种值的排名，各种羊场用户可以了解本场羊育种的发展趋势，与其他（其他场、公司平均、区域平均）对比，了解本场所处的位置，并提供遗传评估结果的在线浏览和下载平台。

10. 阿司匹林丁香酚酯的降血脂调控机理研究

以高脂日粮成功复制了大鼠高脂血症病理模型，考察了 AEE 对高脂血症的治疗和预防作用；并通过考察 AEE 在体外对单酰甘油脂肪酶的抑制活性，对大鼠内源性代谢物和代谢通路的影响与调节，对肠道菌群结构的影响与调节等 3 个不同方面，探讨了 AEE 的降血脂调控机理。在治疗实验中，连续 5 周给予 54mg/kg 的 AEE，可显著降低 TG、TCH 和 LDL（$P<0.01$），以及增加 HDL（$P<0.05$）；在预防实验中，连续 5 周同时给予高脂日粮和 54mg/kg 的 AEE，可显著降低 TG、TCH 和 LDL（$P<0.01$）；AEE 对高脂血症的治疗和预防作用优于阿司匹林、丁香酚、阿司匹林+丁香酚（摩尔比为 1：1）和对照药物辛伐他丁。体外条件下，检测试剂盒所带的阳性对照药物 JZL195（4.4μM）对单酰甘油脂肪酶活性的抑制率达 84.27%，而 AEE（40μM）仅为 19.76%，略强于相同浓度的水杨酸、丁香酚等对照药物；AEE 对单酰甘油脂肪酶的抑制作用呈非竞争性抑制。建立了基于超高效液相色谱-精确质量飞行时间质谱的代谢组学研究平台。研究了 AEE 对高脂血症大鼠内源性代谢物的影响；从血浆、尿液、肝脏和粪便中分别鉴定到可作为潜在生物标记物的差异性内源代谢物 16、18、28 和 22 个，其涉及甘油磷脂代谢、脂肪酸代谢、氨基酸代谢、三羧酸循环、鞘脂类代谢、肠道菌群、嘧啶代谢、嘌呤代谢、胆汁酸代谢和谷胱甘肽代谢等通路。高脂日粮可显著降低大鼠盲肠菌群的多样性，改变菌群结构；相比于模型组，AEE 治疗组可提高菌群多样性，改善肠道菌群结构。

11. 阿司匹林丁香酚酯的预防血栓的调控机制研究

试验结果显示，在考察的浓度范围内，AEE 对血小板没有显著的细胞毒性，AEE 的抗血小板活性与其对血小板的毒性无关；AEE 对 cAMP 和 cGMP 含量无影响；AEE 能显著抑制不同激动剂诱导的 P-selectin 表达和 ATP 释放；AEE 能够剂量依赖性的抑制不同激动剂诱导的血小板 TXA2 的产生，亦能显著抑制 COX-2 的表达；AEE 及其前药能够显著降低不同激动剂诱导的 $[Ca^{2+}]$ i 活化；AEE 对 VASPser157 和 VASPser239 的磷酸化过程无影响；AEE 能够显著抑制 CD40L 表达，并可恢复 Sirt1 表达；AEE 能够抑制 thrombin 和 AA 诱导的 ERK2 和 JNK1 表达，但对 p38 的表达无影响。以上结果说明，AEE 通过如下几条通路抑制血小板聚集：①AEE 通过抑制 COX-1 和 COX-2 来抑制 TXA2 的产生，与此同时，AEE 能够显著抑制胞内钙离子浓度，最终对 ERK2 蛋白产生显著的抑制作用；②AEE 通过抑制 PI3K-Akt 通路抑制 ATP 的释放；③通过抑制 A MPK/Sirt1 通路，进而抑制 CD40L 的表达；④抑制血小板粘附的依赖性蛋白-JNK1 的磷酸化。

12. 截短侧耳素类衍生物的合成及高通量筛选

在截短侧耳素的 C-14 位侧链进行结构改造，并引入杂环结构。合成了含有杂环结构的截短侧耳素类衍生物 100 余个，并对合成的化合物进行 IR、1H NMR、13C NMR 和 HRMS 结构鉴定，对部分关键中间体及化合物还进行了单晶培养和 X-射线衍射研究，进一步确定了这些化合物上的结构和空间构象。通过高通量筛选，对所有合成化合物进行了兽医临床中常见的几种菌株的最小抑菌浓度测定和抑菌试验研究和计算机模拟分子对接研究。通过生物活性、毒性及稳定性研究，共筛选出 3 种全新结构的化合物。与延胡索酸泰妙菌素相比，这些化合物的抑菌活性较高、毒性较低，且质量稳定，目前已经按照国家一类新兽药的报批要求，逐项进行试验，获得较理想的结果。

13. 抗病毒药物奥司他韦分子印迹聚合物的制备及筛选

制备了抗病毒药物奥司他韦分子印迹聚合物，并进行了表征，结合 LC/MS 技术，从中药中筛选发现了抗病毒活性成分苦参碱及小檗碱。其中，活性成分在色谱柱上的保留时间与体外抗病毒活性呈高度相关。结合分子对接，初步探讨了活性成分与作用靶点之间的相互作用，并与对照药物进行了比较。通过上述研究，建立了分子印迹—液质联用非生物学药物筛选平台。

14. 牛羊产品非法定药物使用摸底排查

对 33 家牛羊养殖场户进行了调研，并采集 33 个牛羊养殖场饲料、饮水、污水、粪便、毛发等共 131 份，采集兰州、张掖、靖远、定西、平凉、山东东营市、利津县、滨州市、济南市、内蒙古通辽市等市县 37 个市场的牛羊产品共 157 份，进行①β-受体激动剂：特布他林、西马特罗、沙丁胺醇、非诺特罗、氯丙那林、莱克多巴胺、克伦特罗、妥布特罗、喷布特罗、苯乙醇胺 A；②抗菌药物：硝基呋喃类：呋喃唑酮、呋喃它酮、呋喃妥因；③喹诺酮类、泰乐菌素、头孢噻呋、β-内酰胺类、替米考星验证分析。调研及验证结果表明 1、基本摸清了 β-受体激动剂的存在形式及添加环节，调研区域的 β-受体激动剂进入牛羊产品的渠道主要是以粉剂形式添加在牛羊浓缩料或预混料中。在牛羊运输过程中或屠宰场添加的可能性微乎其微。

15. 发酵黄芪多糖诱导分化树突状细胞研究

优化发酵黄芪多糖、黄芪多糖的提取、纯化工艺，制备细胞试验用多糖。采用腹腔注射 OVA，收获小鼠致敏脾细胞，并通过 MTS、ELISA 检测方法评价发酵黄芪多糖对小鼠骨髓源树突状细胞抗原递呈能力的影响。通过研究和评价发酵过程中菌体数量、pH、发酵环境（厌氧/非厌氧）、发酵时间、生药黄芪粒径变化对多糖提取率的影响以及发酵工艺的稳定性，建立了发酵黄芪散制备工艺与生产线，确定了益生菌发酵技术参数。开展了益生菌 FGM9 与 FGM9 诱变菌株 UN10-1 糖代谢通路基因及差异基因的分析研究，发现了 UN10-1 菌株 1 个无义突变位点和 26 个位于基因区的非同义突变位点。

16. 发酵黄芪多糖对益生菌 FGM 黏附蛋白功能的影响

利用已有的细菌资源 FGM 及其诱变菌株 UN10-1、植物乳杆菌，开展了细菌的培养与益生性评价（对肠胃内环境耐受性）、表面黏附蛋白的提取与鉴定等试验。试验结果表明：①长期低温冻存对 FGM 细菌活力有一定影响，其对肠胃内环境耐受性好于其诱变菌株 UN10-1。②采用分子生物学鉴定对 FGM 及植物乳杆菌进行鉴定与 Blast 比对。③采用不同酸碱条件下高浓度 LiCl 提取法、膜蛋白试剂盒提取法提取 FGM 及植物乳杆菌的表面蛋白，其中碱性高浓度 LiCl 法提取方法具有性质稳定、表面蛋白浓度高的优点，其提取的 FGM、制物乳杆菌黏附蛋白的浓度分别为 0.549mg/mL、0.874mg/mL。④采用凝胶电泳法测定 FGM 表面蛋白中含量较高的蛋白分子量在 11~17KD，并对该蛋白进行了质谱分析。

17. 家兔气分证证候相关蛋白互作机制研究

通过给家兔注射 LPS 建立气分证模型，并以白虎汤干预模型动物，从方证对应、以方测证的角度，利用蛋白组学技术首次在蛋白水平探究了气分证证候相关蛋白组学变化，以及白虎汤干预下证候相关蛋白表达的变化。同时，利用病理学、流式细胞术、酶联免疫吸附技术等常规技术手段研究了多个血液生物学指标变化。蛋白组学研究结果显示，气分证动物肝组织中核糖体通路中互作蛋白的表达变化引起该通路相关生物学功能变化，白虎汤干预后对核糖体通路变化有所改善，但不是其主要作用靶标，而以 Coronin、F-actin、Rac 和

MHC I 为关键节点蛋白的细胞吞噬作用通路是白虎汤治愈气分证的主要分子机制。血液学研究结果显示，气分证动物肝组织与肝功能都具有显著的病理损伤，血液中 CD8+T 细胞数量降低，免疫球蛋白（IgG、IgM）含量显著高于正常动物，细胞因子（IL-2、-4、-5、-6、-10、TNF-α、TNF-β）含量也显著升高，血液内皮素、总补体 CH50 和 C3a 水平也显著升高，NO 含量降低；白虎汤干预治疗气分证动物后，被损伤的肝组织结构与功能都有显著的改善和恢复，血液中 CD+8 T 细胞数量正常，免疫球蛋白（IgG、IgM）水平下降，部分细胞因子（IL-2、-6）含量降低，血液内皮素、总补体 CH50 和 C3a 含量显著下降，而拮抗内皮素的 NO 含量显著升高。结果表明，气分证时机体获得性免疫和先天免疫都被显著激活，机体免疫机能的过渡激活是气分证证候形成的主要原因，而白虎汤治愈气分证的主要机制与抑制免疫过渡激活相关。综合蛋白组学和多种医学指标分析表明，白虎汤通过促进细胞吞噬抗原、加工和交叉呈递抗原，进而激活细胞毒性 T 淋巴细胞以快速清除抗原，从而起到调控机体免疫过渡激活的作用。

18. 奶牛乳房炎流行病学调查研究

从甘肃、内蒙古自治区（全书简称内蒙古）、河北、山东、安徽、河南、山西和宁夏回族自治区（全书简称宁夏）等地部分奶牛场采集乳房炎奶样 618 份，进行了细菌分离和鉴定，分离病原菌 525 株，提取其 DNA 并扩增 16S rDNA 片段，进行了测序，分离出的病原菌主要有无乳链球菌、大肠杆菌、金黄色葡萄球菌、凝固酶隐性葡萄球菌、副乳房链球菌、停乳链球菌、乳房链球菌和变形杆菌等，进行了病原菌抗生素耐药性研究。

19. 奶牛乳房炎金黄色葡萄球菌基因分型和血清型分型鉴定研究

对从甘肃、宁夏、北京、天津、山东、山西、陕西等地奶牛场患临床型乳房炎病乳中分离鉴定并冻干保存的 53 株金黄色葡萄球菌进行了 PCR 分型鉴定，结果表明 53 株金黄色葡萄球菌共分出 CP5 金黄色葡萄球菌 28 株，占 52.83%；CP8 金黄色葡萄球菌 10 株，占 18.87%；未分型的金黄色葡萄球菌 15 株，占 28.30%。耐药基因检测表明，53 株金黄色葡萄球菌对青霉素、利福平和氟喹诺酮类高度耐药，对四环素和红霉素耐药，对甲氧西林、庆大/卡那/妥布霉素和莫匹罗星耐药性低，对万古霉素和夫西地酸敏感。对 56 株不同奶牛场分离的金黄色葡萄球菌进行了血清型分型鉴定研究，结果血清型主要为

CP5 型 9（占 7.1%），CP8 型（占 3.6%）和 Cp336 型（占 67.9%）。对引起我国奶牛乳房炎的 112 株无乳链球菌进行血清型分布研究，结果表明，引起我国奶牛乳房炎的无乳链球菌主要有两个血清型，主要为 II 型 65 株（58.0%）和 I a 型 40 株（35.7%），无法分型的 7 株占（6.25%）。

20. 犊牛腹泻流行病学调查研究

采集华北、西北、东北主要奶业产区内的 176 份犊牛腹泻样品并检测主要致病菌。虚寒型腹泻发病率占犊牛腹泻的 60%~70%，其病原主要为轮状病毒。引起犊牛腹泻的病原菌主要是痢疾杆菌、隐孢子球虫、肠兰伯氏鞭毛虫和牛轮状病毒，且病原感染与犊牛腹泻的临床症状存在着明显的相关性。对犊牛腹泻的病原菌与血液生化的相关性分析，结果选择的 39 头腹泻犊牛粪便中检测到单纯由细菌、或病毒、或寄生虫感染率分别为 43.59%、25.64% 和 17.95%，混合感染 7.69%；对不同病原所致的腹泻犊牛血清的各项生化指标进行方差分析表明，病毒性腹泻的 T-BIL、TC 与其他病原所致的腹泻有显著差异。

21. 奶牛胎衣不下的发病机理研究

运用基于 LC-MS/MS 技术的非靶性代谢组学方法、脂质组学方法，研究了胎衣不下奶牛的血浆代谢组学特点，分析脂类代谢物轮廓变化。通过模式识别分析方法和差异性代谢产物鉴定，建立胎衣不下奶牛血浆代谢组图谱，筛选出潜在生物标志物 30 个，包括氨基酸类（丙氨酸、谷氨酸、精氨酸）、胆汁代谢（去氧胆酸-3-葡糖醛酸、胆红素、硫代石胆酸等）、三羧酸循环（乌头酸、柠檬酸）、脂类（溶血卵磷脂等）、脂肪酸（十四烷酸、十七烷酸）等，得到显著性差异脂类代谢物，研究结果对于奶牛胎衣不下的早期监测与诊断提供了科学依据。

22. 奶牛子宫内膜炎发病机理研究

以 iTRAQ 技术筛选了子宫内膜炎奶牛子宫组织与血浆中差异表达蛋白组，并对差异表达蛋白进行了生物信息学分析，结果显示，组织中涉及最多差异蛋白的信号通路主要包括代谢途径、次生代谢产物的生物合成、粘着斑、细胞骨架调节、剪接体、内吞作用等；血浆中的主要的信号通路包括补体系统、葡萄球菌感染、胞吞作用、慢性炎症。建立了奶牛子宫内膜上皮细胞体外炎症模型，并检测了不同浓度 LPS 作用下细胞中几种蛋白的表达变化，结果显示，

MPO、Rac、LFT、HP 和 SAA 的表达量均高于阴性组细胞，且蛋白表呈一定相关性；而 ANNEX、CK、ITG 和 MMPs 处理组细胞表达量显著升高，但无明显计量相关性。

23. 奶牛蹄叶炎发病机理研究

开展了奶牛蹄叶炎不同发展时期的血液生理指标、血液流变学指标、内毒素、组织胺、铜、铁、锌含量的变化以及抗氧化指标。结果发现蹄叶炎患病组奶牛血浆内组织胺显著高于健康组，Zn 显著低于健康组。蛋白组学结果发现，在发病初期有 35 个上调蛋白，18 个下调蛋白；中期有 36 个上调蛋白和 1 个下调蛋白，后期有 37 个上调蛋白和 15 个下调蛋白。生物信息学分析发现，奶牛血浆中差异蛋白主要富集在蛋白结合、核苷酸结合活性、焦磷酸酶活性和水解酶活性。Pathway 富集分析显示，差异蛋白主要涉及吞噬体、补体和黏合素降解通路、碳水化合物代谢和吸收、磷酸甘油代谢途径、钙元素重吸收的内分泌调控通路、钙离子信号通路、三羧酸循环和 MAPK 信号转导等通路。利用 GC-MS 技术，在奶牛血浆中共检测到 242 种代谢物，通过多元统计分析等筛选出 37 种差异代谢物。发现变化显著（P<0.05）的代谢通路包括脂肪酸生物合成通路，甘氨酸/丝氨酸/苏氨酸代谢通路，不饱和脂肪酸生物合成通路，嘌呤代谢通路，甲烷代谢通路，苯丙氨酸代谢通路和氰基氨基酸代谢通路。这些差异分子可能成为奶牛蹄叶炎早期诊断或群体监测的潜在生物标记物。

24. 穴位埋植剂防治奶牛卵巢囊肿的研究

完成命门、安肾、雁翅、气门、后海、居髎、肾旁穴、卵巢穴、百会和肾俞等穴位解剖定位与选穴数据采集，观察穴位行针针感与电针参数测试表明后海穴针感明显，易于定位和取穴，4Hz/80Hz，电针 15min 可观测的后驱震颤、提尾、夹尾以及流涎等针感体征表现，可作为防治奶牛卵巢囊肿的选用穴位。设计奶牛后海穴单穴位环形电极，开展单穴位电针对奶牛卵巢调节机制的研究，以确定后海穴穴位效应。试验发现，连续电针 2 天可在电针后显著改变外周血液 E2、P4、FSH、LH 和 GnRH 激素水平，说明刺激奶牛后海穴，针效确定，为奶牛穴位电针产品与埋植剂的研制奠定基础。采集牛场 37 头不孕症奶牛血样进行分析，与健康牛相比，输精 3 次及输精 4 次的牛血清中 FSH、LH、E2、GnRH 和 IL-6 水平显著升高；输精 3 次及禁配的牛血清中 NO 和 ET 水平显著升高；输精 3 次、输精 4 次及禁配的牛血清中抑制素 A、B 水平显著升高，为指导奶牛不孕症的预防和治疗提供了指导数据。初步设计制作了不同剂量浓度的丹参酮 II A、川芎嗪与盐酸益母草碱的凝胶缓释药丸，用于大鼠后海穴的穴位埋植实验。

25. 藿芪灌注液治疗奶牛卵巢疾病性不孕症的作用机理研究

制备藿芪灌注液 50 瓶，在 80 只 21 日龄未性成熟雌性昆明小鼠上开展了藿芪灌注液对雌性动物性器官发育和激素水平影响的研究，连续给药 7 天后，测定了子宫角中段外径、子宫角长度，并称量子宫和卵巢的重量，测定了血清中激素雌二醇、孕酮、促卵泡素、促黄体素的水平，进行了卵巢和子宫的组织学观察，测定了肝组织匀浆中抗氧化指标 NO、MDA、T-SOD、CAT 的变化。结果表明，与对照组相比，藿芪灌注液高剂量组可使得脏器指数、卵巢和子宫脏器指数增大，表明藿芪灌注液可促增加进肝脏、卵巢和子宫的发育。藿芪灌注液高剂量能极显著增加肝组织匀浆中 NO 和 MDA 的含量，藿芪灌注液高、中、低剂量能极显著增加肝组织匀浆中 T-SOD 的含量，雌二醇、菟丝子、淫羊藿、高、中、低剂量组能极显著降低肝组织中 CAT 的含量，表明藿芪灌注液具有增强小鼠肝脏抗氧化的作用。

26. 藏药蓝花侧金盏有效部位杀螨作用机理研究

采用生化分析方法，对蓝花侧金盏对螨虫主要酶系的生物活性研究进行研究。在对螨虫抗氧化指标研究中发现：相比空白对照组（未处理组），药物能够显著抑制 SOD 活性，并能够在药物处理初始阶段（3h）激活 CAT 活性，而后被抑制。而在此过程中，MDA 活性持续升高（6h），但可能由于后期螨虫的死亡导致其含量显著减少；与此同时，GST 的活性升高，具有时间和剂量依赖性。同时，在对 ACHe 和 Na^+-K^+-ATP 酶活性的研究中发现，药物能够显著抑制 ACHe 和 Na^+-K^+-ATP 活性。这些研究结果说明：药物能够破坏螨虫的保护酶系统和抗氧化能力，抑制其神经传导和运动能力。在此基础上，课题组利用透射电镜技术研究药物对螨虫的毒理作用及对其主要组织的影响。研究结果显示：药物处理螨的细胞核膜肿胀、核染色质固缩，线粒体、高尔基复合体空泡化、内质网断裂、扭曲，肌纤维横纹模糊不清，这可能与供试螨的物质代谢和能量代谢及信号转导的变化有关。采用 Labelfree 差异蛋白组学技术对药物处理前后螨虫的差异蛋白进行分析，并开展生物信息学研究。研究结果发现：

质谱鉴定肽段 698 个，蛋白质数 265 个，其中 37 个差异蛋白被筛选出，19 个蛋白的表达被抑制，18 个蛋白表达被上调。GO 分析和 KEGG 研究显示这些蛋白主要涉及组成分子功能，细胞结构和参与生物活性代谢。选取 5 个差异较大的蛋白开展 MRM 分析实验，进一步验证差异蛋白的可靠性。研究结果发现，只有 Q9U582 和 G3MMX0 是 Label Free 中筛选到的差异蛋白通过验证，其他 3 种蛋白为假阳性。考虑到因为缺乏抗体，Western Blot 同样不能用来验证，PCR 验证结果也不乐观，且其蛋白组学库和参考基因组学库不健全的条件下，课题组又开展了螨虫的转录组分析，并借由转录组分析结果对差异蛋白组实验结果开展进一步分析，为后续重新 MRM 验证试验奠定基础。

27. 中药精油小复方抗（抑）菌机制研究

分别采用琼脂扩散法和微量稀释法考察了 14 种精油对奶牛子宫内膜炎主要病原菌（大肠杆菌、化脓隐秘杆菌等）的抑菌效果，通过琼脂平板扩散试验筛选出对抑制子宫内膜炎主要病原菌的有效精油百里香油和香樟油，再采用棋盘滴定法发现百里香油和香樟油具有协同抑菌作用。采用子宫灌注接种致病的方法建立发大鼠子宫内膜炎模型，染菌动物子宫肿胀明显，有脓性渗出物。用百里香油和香樟油复方制剂处理发病模型动物后，大鼠阴门及阴道肿胀、充血有明显减轻，子宫系数、脾脏和胸腺重量、血液白细胞数、炎症因子等有明显降低。与模型组相比，经百里香油和香樟油复方制剂治疗的患病动物子宫组织中 IKB、P65、P38、JNK 和 ERK1/2 含量有变化，推测精油小复方通过 NF-κB、MAPKs 信号通路发挥抗炎性损伤的作用。

28. 疯草内生真菌 undifilum oxytropis 产苦马豆素生物合成机理研究

取生长初期的 *Undifilum oxytropis* 菌丝，接种于改良察氏培养基中，每隔 4 天取出一组每组 3 个重复，共 8 组，待培养结束分别提取发酵液及菌丝中 SW，利用薄层层析法（TLC）、气相色谱法和 α-甘露糖苷酶抑制法，对各培养阶段提取的 SW 做定性、定量检测。TLC 检测结果表明苦马豆素标准品、菌丝及发酵培养液提取物均出现与 SW 标准品高度一致的紫色斑点，气相检测色谱柱为石英毛细管柱（0.25～50mm），载气为高纯氦气，纯度 ≥99.999%，流速 1.0mL/min，分流比 50：1，进样量 1μL，进样口温度 270℃，升温程序初始温度 80℃，保持 1min，以 15℃/min 速率程序升至 280℃，保持 2min，SW 标准品保留时间 10.953min，菌丝及发酵培养液中 SW 峰为保留时间 10.953min、10.966min，表明气相色谱检测方法建立成功。酶法检测结果，SW 浓度在 1~5μg/mL 范围线性关系良好，RSD 均值 2.88%，回收率均值 103.8%，*Undifilum oxytropis* 在生长 24d 菌丝中 SW 产量最高，发酵培养液中 SW 含量在 28d 以后含量趋于稳定达到最高。

29. N-乙酰半胱氨酸介导的牛源金黄色葡萄球菌青霉素敏感性的调节机制

通过纸片扩散法从课题组常年来保存的菌种中分别筛选了对青霉素耐药和敏感的金黄色葡萄球菌菌株各两株，采用 Etest 试条法测定了 NAC 对金黄色葡萄球菌青霉素最低抑菌浓度的影响，同时采用 RT-PCR 法和酶标法分别检测了 NAC 对金黄色葡萄球菌青霉素耐药基因表达的影响及对不同金黄色葡萄球菌生物被膜形成的影响，以及通过流式细胞仪检测了 NAC 对金黄色葡萄球细胞膜的影响。结果显示，在培养基中加入 10mM 的 NAC 会显著降低青霉素对金黄色葡萄球菌的最低抑菌浓度；NAC 对青霉素耐药基因 blaZ 的表达没有影响，而对菌株生物被膜的形成有较大的影响，同时对细菌的细胞膜会形成损伤。

30. 沙拐枣属遗传结构和 DNA 亲缘关系的研究

采集了野生天然居群 62 个近千份新鲜叶片及种子材料。首先对沙拐枣进行了 SSR 引物筛选，设计开发出了 14 对遗传多样性高的微卫星 SSR 引物。随后以其中的 7 对引物对沙拐枣 11 个居群 160 个个体进行 SSR 群体遗传多样性研究，共得到 65 条清晰的 SSR 条带，多态位点百分率为 100%，表现出较高的遗传多样性，Shannon's 多样性指数（I）从 0.1619 到 0.2049；AMOVA 分析表明居群内的遗传变异为 84.32%，而居群间的变异为 15.68%，种群间的遗传多样性小，种群内的遗传多样性分化明显。新疆地区种群遗传多样性较低，结果表明生境地理条件不同，遗传多样性水平不同，生态环境多样性也是遗传多样性的重要原因，是对不同环境适应性进化的结果。对 14 个种群 205 个个体的两套叶绿体 DNA 序列（TrnH-PsbA 和 TrnV-TrnM）进行了全部测序，研究了沙拐枣的遗传多样性和种群遗传结构，序列变异组合成 6 种单倍型（H1、H2、H3、H4、H5 和 H6）。研究表明新疆地区具有 4 种以上单倍型，遗传多样性最高；青海和甘肃敦煌地区的种群具有 2~4 种单倍型；甘肃其余种群、宁夏、内蒙古为一个大的组群，共有单倍型 1~3 种，地理分布刚好为两个地区：新疆地区和新疆以外地区，现代的分布格局既是物种分化的结果，也是迁移、扩散的结果，新疆地区由于地形气候复杂多样，形成了基因交流的重要障碍，造成了东西地域居群之间的强烈分化，遗传多样性丰富；新疆以外地区沙拐枣存在严重的遗传漂泊，种群内和种群间遗传多样性贫乏。

31. 野大麦耐盐机理研究

以小麦族盐生植物野大麦为研究对象，确定了材料培养最佳条件和最佳 NaCl 处理浓度；完成了 Na^+ 净积累、增量变化、净吸收速率的工作；根据 Na^+ 净积累模式的实验结果，发现在短时间盐胁迫下，野大麦地上部积累了高浓度的 Na^+，进而进行了长时间段（0~60d）的盐胁迫处理，以寻找其 Na^+ 浓度峰值出现的时间。发现其地上部和根系 Na^+ 浓度只是短暂性升高，分别在第 7d 和第 60d 达到最大值，之后迅速降低。随后，利用 NMT 技术测定了活体根系表面的 Na^+ 单向流动情况，以确定 Na^+ 内流和外排分别对于 Na^+ 浓度降低的贡献，确定了野大麦长期耐盐机制的关键为 Na^+ 外排；同时设计了洗叶实验排除了叶片泌盐对盐浓度降低的影响。还测定了不同 K^+ 浓度对野大麦 Na^+ 净积累的影响，发现 K^+ 浓度对组织中 Na^+、K^+ 浓度影响不显著，对野大麦耐盐贡献较小。研究结果确定了野大麦的耐盐生理机理：盐胁迫下，野大麦首先通过地上部的 Na^+ 快速积累来进行盐胁迫的快速响应；之后随着胁迫的延长，主要通过根系不断增大对 Na^+ 的外排来降低植株体内 Na^+ 浓度，同时减少 K^+ 的外流，以达到对盐胁迫的适应；并据此构建了对应的离子运输模型。

32. 黄土高原苜蓿碳储量年际变化及固碳机制的研究

测定了 1~5 年龄、8 年龄、11 年龄、12 年龄、14 年龄的苜蓿草地及对照（燕麦草地）的地上生物量、地下生物量和凋落物量，并按照 10cm 的土层取样 150cm 深度测定了不同深度的土壤容重，计算了 1~5 年龄的紫花苜蓿草地的植被生物量、植被碳密度、土壤碳密度及生态系统碳储量年际变化。用 ACE 土壤碳通量监测仪及 FOXBOX 土壤呼吸仪测定了 1~5 年龄苜蓿地生长季和非生长季的土壤呼吸。完成了 1 年龄、3 年龄、5 年龄、10 年龄、15 年龄苜蓿草地及不同地域的苜蓿草地 0~50cm 土层的微生物群落多样性的测定。完成了 1~5 年龄苜蓿草地土壤样品 SOC、LFOC、HFOC 及 N、P、K、pH 值等的测定。完成了 1~5 年龄苜蓿草地 0~150cm 的土壤样品 SOC、LFOC、HFOC 及

N、P、K、pH 值等的测定。阐明了 1~5 年龄的紫花苜蓿人工草地生物量碳密度、土壤碳密度、草地生态系统碳密度及不同年限碳储量变化规律。1~5 年龄的紫花苜蓿草地系统的碳密度大小依次为：5 年龄（101.96t·hm^{-2}）>4 年龄（96.13t·hm^{-2}）>3 年龄（77.89t·hm^{-2}）>2 年龄（63.63t·hm^{-2}）>1 年龄（48.34t·hm^{-2}）。这说明苜蓿草地从 1 年龄至 5 年龄一直表现为碳汇功能。

33. 紫花苜蓿抗寒机理研究

将拟南芥抗寒基因家族基因 AtCBF3 采用电击法转导紫花苜蓿，进行表达，对其进行亚细胞定位，转录和翻译水平表达的研究。对其抗寒性进行了梯度研究（包括表型和生理生化研究）。采用 Gateway 载体改造系统，构建真核表达载体，将构建的含有 AtCBF3 转录因子的真核表达载体转导紫花苜蓿，采用农杆菌感受态进行侵染，通过低温梯度筛选，筛选出抗寒性提高的紫花苜蓿转基因植株。对低温胁迫下，转导组和野生组的生理生化指标进行了研究，发现低温胁迫下，转导植株抗氧化酶 POD、APX、GR、DHAR、MDHAR 和 GSH-PX 活性呈上升趋势，SOD 活性先升高后降低；除 APX 外，其余酶在转导苜蓿中活性增加更多，表现出与抗寒能力的正相关。低温胁迫下，转导苜蓿的相对电导率增加幅度小于野生型，表现出对低温更强的耐受能力。

34. 黄花补血草抗旱基因筛选及耐盐性分析

高通量测序筛选出多个抗旱差异基因，经测序质量控制，共得到27.41Gb Clean Data、206 426条 Transcript 和 93 080条 Unigene，Transcript 与 Unigene 的 N50 分别为 1 782和 1 290,组装完整性较高。通过选择 BLAST 参数 E-value 不大于 10-5 和 HMMER 参数 E-value 不大于 10-10，最终获得 31 009个有注释信息的 Unigene。以 5 周龄黄花补血草幼苗为材料，用扫描电镜观察叶片表面的盐腺结构，并分析不同浓度 NaCl 处理下，根和叶的干鲜重、Na$^+$、K$^+$浓度、盐腺分泌的Na$^+$和K$^+$、可溶性蛋白、MDA 和 SOD 含量等的变化。结果表明，黄花补血草具有较强的耐盐性，能适应外界一定浓度的盐胁迫(100~300mM NaCl)。在盐胁迫下，黄花补血草能在体内积累大量的Na$^+$，并维持叶中较高浓度的K$^+$，同时通过盐腺将体内过量的Na$^+$排出体内，从而抵御盐胁迫。

35. 气候变化对西北春小麦单季玉米区粮食生产资源要素的影响机理研究

着眼于气候变化背景下西北春小麦、单季玉米区的土壤肥力动态变化及其生产要素的响应机制及其适应对策研究，针对目前气候变化影响下西北春小麦、单季玉米区资源要素（水分、热量和土壤肥力）的变化，定量评价了气候变化对西北春小麦、单季玉米区的影响机理与机制。针对西北春小麦、单季玉米区气候变化驱动下资源要素（水分、热量和土壤肥力）的时空动态变化过程，确保在新的气候环境中西北春小麦、单季玉米适应性，为我国应对气候变化确保粮食和生态安全提供理论基础和技术支撑。以过去 30～50 年的气候变化数据和作物生产数据为基础，通过区域调研、统计分析和农田试验等方法，分析过去 30～50 年来气候变化对西北春小麦、单季玉米区作物生产系统的影响，以气候变化为驱动，进行气候变化对西北春小麦、单季玉米区作物生产系统的研究，揭示了我国西北春小麦、单季玉米区主要粮食作物小麦、玉米对气候变化的适应机理，提出西北春小麦、单季玉米作物生产应对气候变化的可持续发展策略。

36. 优质抗逆牧草营养价值评定研究

针对西北地区干旱、高寒的自然条件下丰富的抗逆物种资源，从生长发育、生理生化代谢、生物量积累与分配、饲用品质等角度出发，收集优异野生寒、旱灌草种质资源 20～30 份；初步选出高抗寒、旱，且兼具饲喂价值的灌草品种 3～5 份；对筛选的优质抗逆灌草进行青贮加工研究和饲喂实验和营养价值综合评定，确定了 2～3 个日粮配方。根据不同品种花期、营养成分的变化趋势，调整不同饲草花期，确定最佳的刈割时间。测定粗蛋白（CP）、中性洗涤纤维（NDF）、酸性洗涤纤维（ADF）、可溶性糖、粗灰分、粗脂肪、水分、全钙、全磷、无氮浸出物等主要营养成分的含量，计算相对饲喂价值（RFV）。根据所测定营养价值的变化趋势和产草量的变化规律进行比较分析，确定青饲、青贮利用最佳刈割及加工调制时间。对不同饲草进行单贮、混贮，通过微生物发酵等手段，通过 pH、有机酸（乙酸、丙酸、丁酸和乳酸）、氨态氮、干物质、NDF、ADF、CP、EE、磷（P）等指标的测定，对筛选的饲草品质分析进行综合评价。

37. 不同草地土壤水分动态变化研究

研究与分析了在相同自然降水条件下典型人工草地和天然草地土壤水分动态变化、蒸散量变化、水分利用效率、土壤储水亏缺补偿度以及水分平衡特征，得出以下结论：人工草地耗水量大于天然草地，豆科草地耗水量高于禾本科草地。人工草地土壤水分季节变化剧烈层（0~100cm）比天然草地（0~30cm）深。豆科草地土壤含水量在土壤剖面内先增加后降低，禾本科草地为先增加后降低最后缓慢增加。与第一个生长季相比，天然草地平均土壤含水量增加，人工草地降低，其中豆科人工草地降低3%~6%，禾本科人工草地降低1%。人工草地持续消耗土壤水分；人工草地较高的降水和土壤水分利用率，有利于促进地上生物量增长。生物量增长高峰期，蒸散量达峰值。6月天然草地的蒸散量高于人工草地，进入生长旺盛期及末期（7—9月），人工草地的蒸散量高于天然草地，8月蒸散量最高。第一个生长季降水少，蒸散量超出同期降水量，天然草地土壤水分基本保持平衡，人工草地土壤水分呈不同程度的负平衡。第二个生长季降水增加，禾本科人工草地土壤水分负平衡；年限增加，人工草地生长季末土壤储水亏缺度增加，豆科人工草地耗水量高，土壤储水亏缺度大于禾本科人工草地。与第一个生长季相比，豆科人工草地土壤储水亏缺度增加4%，禾本科人工草地增加0.5%，天然草地降低2%。生长季初到季末土壤储水亏缺度先增加后降低，8月土壤储水亏缺达最大值。生长季末，各草地群落土壤储水亏缺均未得到完全补偿，禾本科草地土壤水分亏缺补偿度高于豆科草地；人工草地入渗速率高于天然草地，豆科人工草地高于禾本科人工草地。豆科草地入渗速率比禾本科草地高30%。地下生物量、总孔隙度、毛管孔隙度、土壤有机质含量和水稳性团聚体是决定入渗率的主要因素，表层土壤毛管孔隙度和水稳性团聚体对土壤入渗率产生了显著的负效应，1 030cm土层地下生物量对入渗速率有显著提升。豆科草地显著提高土壤入渗速率，但干旱半干旱区降水少，限制了豆科草地这一优势。人工草地对土壤水分的消耗高于天然草地。较高的入渗率使人工草地的降水利用效率高，相同降水条件下，人工草地能够获取更多地上生物量，加剧土壤储水亏缺。年限增加，人工草地土壤水分亏缺持续加剧，天然草地耗水少，对土壤水分具有一定保育效应。豆科草地退化后，发展成以禾草为主的草地，土壤水分消耗量降低，较高的入渗速率增加降水对土壤水分补充，从而改善土壤水环境。

第四节 应用基础研究进展

1. 无角牦牛新品种选育研究

进一步扩大无角牦牛群体的数量，加大淘汰选择力度，新建档案表 600 余份，无角牦牛群体数量已达到 3 280 头，其中 1~3 岁公牛 654 头，成年公牛 161 头，1~3 岁母牛 610 头，成年母牛 1 855 头，对犊牛的初生体重、体尺进行了系统测定。选取 5 岁以上有角牦牛 8 头（公牛 3 头，母牛 5 头）和 10 头无角牦牛（公、母牛各 5 头）开展牦牛屠宰性能测定及肉产品品质测定，测定了牦牛的活重、胴体重、净肉重、头重、骨重、肌肉 pH 45、滴水损失、熟肉率、剪切力等指标。开展了牦牛角性状的遗传解析研究、牦牛无角性状的蛋白质组学研究、目标区段捕获测序技术筛选无角性状候选变异研究、牦牛角形态发育及相关蛋白的表达研究、牦牛角基发育时期 qPCR 内参基因的筛选研究等，力求从分子生物学水平对无角牦牛新品种的培育奠定坚实的理论基础。

2. 甘南牦牛本品种选育及品种改良研究

建立甘南牦牛核心群、选育群、扩繁群，繁育甘南牦牛 3.14 万头，推广甘南牦牛种牛 7 250 头，建立了甘南牦牛三级繁育技术体系。为提高甘南牦牛生产性能，利用大通牦牛种牛及其细管冻精，通过自然交配和人工授精技术杂交改良甘南牦牛，建立了甘南牦牛 AI 繁育技术体系。推广大通牦牛种牛 2 405 头，冻精 2.10 万支，累计改良牦牛 39.77 万头。大通牦牛改良犊牛比当地犊牛生长速度快，210 日龄时改良后代比当地牦牛体重提高了 11.06kg，各项产肉指标均提高 10% 以上。

3. 高山美利奴羊新品种推广应用研究

在高山美利奴羊主产区繁活新品种羔羊 40 728 只，选留优秀幼年公羊 4 108 只、优秀幼年母羊 14 252 只；培育超细品系羔羊 4 590 只、多胎品系羔羊 124 只、肉用品系羔羊 324 只、无角品系公羔 386 只；在甘肃张掖试验站核心群完成羔羊的出生鉴定和系谱登记 2 406 只，育成羊、成年羊生产性能测定 2 415 只，各类羊生产性能测定 3 265 只；特一级羊占繁殖母羊比例 86.86%，

2~5 岁繁殖母羊占群体数量的 70.92%；羊毛纤维直径主体为 19.1~21.5μm，其中 19.0μm 以细占 8%，19.1~20.0μm 占 69%，20.1~21.5μm 占 23%。2017 年在甘肃、青海、新疆维吾尔自治区（全书简称新疆）、内蒙古、吉林等省推广高山美利奴羊优秀种公羊 5 572 只，累计改良当地细毛羊 26.20 万只。

4. 高山美利奴羊育种技术体系创建研究

建立以研究所为研发中心，甘肃省绵羊繁育技术推广站核心群为龙头，甘肃省绵羊繁育技术推广站、金昌市绵羊繁育技术推广站、肃南裕固族自治县绵羊育种场和肃南裕固族高山细毛羊专业合作社的育种群为枢纽，肃南县与天祝县规模养殖场（户）改良群为基础的开放式核心群育种和联合育种及三级繁育推广为一体的现代先进育种体系。研制了体重、体尺、毛长、保定、剪毛等生产性能测定设备和生产设施，提高了生产性能测定工作效率和精度，建成了国内最大、系谱数据最全包含 1 651 850 条记录的高山美利奴羊育种数据库，筛选出国内第一个适宜估计高山美利奴羊体重、毛长、剪毛量和羊毛纤维直径等 4 个性状的 BLUP 综合育种值模型：$H = Ywt \times 30 + Ysl \times 10 + gfw \times 35 + (4.0 + gfw) \times (-afd \times 8.1)$，对高山美利奴羊进行遗传评估，提高了性状选种的准确性，研制出多胎疫苗与多胎基因 QTN 快速检测试剂盒，建立了以绵羊同期发情、人工授精、多胎基因检测、胚胎性别鉴定、双羔免疫、细管鲜精低温保存、两年三产及非繁殖季节繁殖调控技术为主的快速扩繁技术体系，联合开发细毛羊联合育种网络平台和细毛羊数据库建设，搭建"细毛羊联合育种网络平台"门户网站 http://59.110.27.117:8000/。

5. 放牧牛羊营养均衡需要研究与示范

完成了甘南典型草原四季草场牧草生物产量测定，统计结果表明：甘南典型草原春、夏、秋、冬鲜草产量分别为 1 695.6 kg/hm²、4 540.00 kg/hm²、4 004.40 kg/hm² 和 426.60kg/hm²；风干草产量分别为 561.60kg/hm²、1 552.30kg/hm²、1 674.80kg/hm² 和 379.8kg/hm²。冬春季草场牧草生物量显著低于夏秋季，差异极显著。四季牧草营养成分测定结果表明：甘南典型草原四季牧草营养含量呈季节性变化，其中：粗蛋白含量春季最高，平均为 16.45%，依次为夏季 12.73%，秋季为 11.84%，冬季粗蛋白含量最低，仅为 7.53%；粗脂肪含量秋季最高平均为 22.31g/kg，依次为夏季 18.10g/kg、春季 15.25g/kg，冬季牧草最低仅为 7.67g/kg；粗纤维含量冬季最高平均为

399.67g/kg，依次为秋季 297.69g/kg，夏季为 280.90g/kg，春季最低为 269.12g/kg。完成了藏绵羊成年母羊和后备母羊四季草场的放牧采食量试验，结果表明：成年母羊春、夏、秋、冬四季牧草（鲜草）采食量分别为 4.18kg/d、6.35kg/d、5.69kg/d 及 1.75kg/d；后备母羊四季牧草（鲜草）采食量分别为 4.05kg/d、4.51kg/d、5.27kg/d 及 1.45kg/d。放牧采食量随季节变化而显著变化，夏季牧草采食量最高，冬季采食量最低，仅为夏秋季放牧采食量的 20%～30%。利用代乳粉和开食料，进行了藏绵羊哺乳期羔羊早期补饲培育试验，结果表明，在补饲粗饲料相同的条件下，补饲代乳粉+开食料的明显好于单一饲料组，日增重差异显著或极显著，说明合理搭配羔羊代乳料和开食料是哺乳期羔羊早期培育的有效方法。并根据不同季节放牧绵羊营养物质摄入量和草地牧草营养供给动态变化研究，制定了放牧绵羊"放牧+补饲"的营养均衡供给方案，完成了《甘肃甘南牧区放牧绵羊营养均衡供给技术操作规程及标准》的编制工作，建立了《甘南典型天然草地牧草营养价值数据库》。

6. 一类新兽药候选药物阿司匹林丁香酚酯（AEE）的研究

制备了 AEE 标准品，利用 ^{1}H-NMR、^{13}C-NMR、MS、IR、UV、XRD、TLC 等波谱手段对其结构进行了表征。利用 ^{1}H-NMR 和质量平衡法进行了标定，含量分别为 99.82% 和 99.55%，为后续质量研究提供标准物质。分别用单因素试验和正交优化考察了 AEE 原料药制备工艺，反应产率达 80% 以上，反应条件简单、工艺稳定，适用于工业化生产。考察了黏合剂、润滑剂、崩解剂、矫味剂等 14 种辅料的组成及比例，采用湿法制粒制得 AEE 咀嚼片剂，通过片重（0.1045g±2.3%）、碎脆度（CV＝0.79%）、硬度（64.03）、崩解度和溶出度考察，制得了符合药典要求的制剂。对 AEE 原料药和片剂中的含量、鉴别、有关物质、杂质、pH、密度、无菌等项下内容进行了研究，并起草了初步的质量标准草案。考察了 AEE 在大鼠和犬体内的代谢产物，研究了其药代动力学规律。结果显示 AEE 进入动物肠道后迅速水解，母体化合物 AEE 基本检测不到，其水解产物水杨酸和丁香酚进一步发生一相和二相代谢。代谢研究显示，在犬体外和体内可检测到 10 种代谢产物，主要代谢产物（SA）的药代动力学参数为 T_{max}＝（2.06±0.11）h，C_{max}＝（8 661.55±472.99）ng/mL，AUC＝（62 009.9±10 115.44）hr·ng·ml^{-1}。合成了 AEE 代谢产物 4 个，在大鼠体内定量检测了代谢产物 11 个，其中 SA 的药代动力学参数为 T_{max}＝（4.35±1.09）h，C_{max}＝（3 356.90±1 120.37）ng/mL，AUC＝（51 046.37±

15 570. 51)hr·ng·ml^{-1}。开展了 AEE 的急性毒性、亚慢性毒性、三致毒性及繁殖毒性研究。研究结果显示，AEE 的半数致死量 LD$_{50}$ 为 5. 95g/kg，无可见有害作用水平（NOAEL）为 50mg/kg/day。Ames 试验结果显示 AEE 无致畸、致突变毒性。繁殖毒性结果显示，AEE 对大鼠繁殖毒性的最大无损害作用剂量为 31. 1mg/kg/day，对大鼠的最小有损害作用剂量为 124. 5mg/kg/day。上述研究为 AEE 临床批件的申报、临床研究的开展奠定了基础。

7. 新型抗菌药物 MLP（咔哒唑啉及咔哒诺啉）的开发

分离、收集、鉴定临床常见病原菌共 229 株，分别为金黄色葡萄球菌 46 株，溶血葡萄球菌 32 株、表皮葡萄球菌 10 株、肺炎链球菌 13 株、猪链球菌 9 株、粪肠球菌 72 株、屎肠球菌 47 株。对新化合物 OBP-0091 和 OBP-0092 进行体外临床分离菌抗菌活性研究，结果表明，OBP-0091 和 OBP-0092 对革兰氏阳性菌和革兰氏阳性菌耐药菌具有极好的抗菌活性，对部分革兰氏阴性菌有效果；体内猪链球菌和屎肠球菌的抗菌活性研究，结果表明，新化合物溶解性不好，药物容易析出，无法进行研究。完成对新化合物 OBP-0091 和 OBP-0092 部分体外抗菌机制研究工作，结果表明新化合物均对大肠杆菌和 Gyrase 和 TopoⅣ 两种酶均有不同程度的抑制作用，且均是通过作用于 gyrase 和 topoⅣ 酶，来抑制 DNA 的释放，使酶-DNA 复合物稳定在已催化的中间共价化合物状态，从而组织 DNA 复制。建立 LC-MS/MS 法测定大鼠血浆中 OBP-0091 的浓度，对健康 SD 大鼠单剂量口服或静脉给予 OBP-0091 进行了药动学研究，结果表明 OBP-0091 口服吸收很少，说明该方法前处理简单，分析快速、灵敏、准确，适用于 OBP-0091 的药动学研究。

8. 兽用抗寄生虫原料药"五氯柳胺"的研制

制备了五氯柳胺混悬剂并进行了含量测定，开展了五氯柳胺原料药和混悬液制剂稳定性研究；进一步完善了"五氯柳胺混悬液"的生产工艺，制定了质量标准，建立了混悬液药物残留高效液相色谱-质谱联用的检测方法；对通过粪便虫卵检测辅助 ELISA 检测确定的阳性牛，开展了临床药效实验；开展了药物在牛可食性组织、牛奶中残留消除研究，制定了该制剂的休药期，完成了靶动物安全性实验研究、三期临床试验研究和亚慢性毒性试验，完成了"五氯柳胺混悬液"新兽药注册申报材料。

9. 传统中兽医药资源抢救整理研究

对全国从事中兽医教学、科研、开发、管理等单位收藏或保存的中兽医药资源进行了部分调查；对中国兽药典（2010 版）二部收载的中药材产地信息进行搜索和划分，并与现有的标本进行了对比，共整理和标记药典收载项目组未收集的药材 256 种；开展了华北区、华中区、东北区、华南区和东北区等地区的中兽医药资源搜集工作，补充标本 632 种，其中浸制标本有 42 种；收集中兽医药资源信息 3 209 条；收集人物资料近 90 人，采访 75 人，发表采访论文 10 余篇；收集中兽医古籍与教材等信息 500 余条，收集书籍 77 余部，编撰了《中兽医传统诊疗技艺》《中兽医传统加工技术》部分书稿、初步注解中兽医古籍《猪经大全》、参加编译英汉对照《元亨疗马集选释牛驼经》；收集中兽医诊疗方法和针灸挂图近 10 幅；收集中兽医民间方剂、经方或验方 541 个；收集 2 套针灸针和收录"九路针"疗法的图片及视频资料；上传展示中兽医药的各种文献资料 200 余条，逐步完善"中兽医药资源共享数据库"网站。

10. 银翘蓝芩口服液的制备与应用

以金银花、连翘、板蓝根、黄芩、苦参及甘草为组方，通过处方和剂量筛选研究，确定了银翘蓝芩口服液的处方。通过单因素、正交设计考察了加水量、提取时间、提取次数、浓缩类型、浓缩温度、浓缩密度、醇沉浓度、静置时间等生产关键环节，确定了该制剂的生产工艺。在此基础上进行了中试生产，制得产品 3 批。开展了产品的质量标准研究，见了 TLC、HPLC 及微生物限度检查法，制定了质量标准草案。稳定性研究结果显示该产品有效期 2 年。开展了该产品的解热、镇痛、抗炎、抗菌、抗病毒、免疫促进、止咳、平喘及祛痰药理活性，研究结果显示该产品具有显著的解热镇痛及抗炎活性，可保护鸡胚不被 IBV 病毒感染，有一定的免疫促进作用，同时还具有显著的止咳、平喘及祛痰药理活性。急性毒性研究结果显示该产品实际无毒，长期毒性试验显示该产品对大鼠血液生化指标、脏器等无不良影响。开展了该产品的临床研究，结果显示该产品按 0.5mL/只/天混饮，连续给药 7 天，可缓解病鸡临床症状，促进康复、减少死亡，病鸡痊愈率达 78.38%，临床使用安全有效。

11. 防治猪气喘病中兽药复方制剂研究与应用

根据君、臣、佐、使的配伍原则，将紫菀、百部等 6 味药材组合成 5 个不同中药组方，通过猪气喘病的临床病例比较各个组方的治疗效果，筛选疗效最佳的组合为紫菀百部颗粒；通过给 40 头健康猪气管内接种含有猪肺炎支原体的培养液，复制具有典型症状的猪支原体性肺炎疾病模型，并进行试验性猪支原体性肺炎的疗效实验不同剂量组治愈率分别为 70%（低剂量组）、90%（中剂量组）和 90%（高剂量组）。研究表明紫菀百部颗粒对猪喘气病具有明显的治疗效果；根据小鼠的急性毒性试验的结果，经过 Bliss 方法计算出方 3 对小鼠的 LD_{50} 为 319.16g/（kg·bw），95%的可信限为 270.31~363.68 g/（kg·bw），根据标准判定可视为实际无毒产品；通过 Wistar 大鼠的亚慢性毒性试验结果，表明紫菀百部颗粒在实验动物进食量、饮水量、精神状态、呼吸情况、被毛光泽度以及体温等方面均无异常变化，各脏器指数与对照组相比均无显著性差异（P>0.05），实验动物的血液生理生化指标及病理组织方面与对照组相比均无显著性差异 P>0.05）；根据安全药理试验，通过给药后观察麻醉犬的心率、平均动脉压、体温、心电标准Ⅱ导联、呼吸频率、潮气量、血氧饱和度、呼吸曲线、尿液十一项指标和尿液增重相关指标考察紫菀百部颗粒对其心血管系统、呼吸系统和泌尿系统的影响；通过鼠博士行为学系统分析小鼠在集成旷场中自发活动的总路程、平均速度、中央活动路程、中央活动时间等相关指标表明紫菀百部颗粒对其中枢神经系统的影响较小；通过大鼠祛痰试验、小鼠镇咳试验及豚鼠平喘试验结果表明，中、高剂量的紫菀百部颗粒具有明显的祛痰、镇咳及平喘的效果；采用正交试验筛选出该组方的提取方法为优化条件为 $A_3B_3C_1$；通过薄层鉴别方法建立对组方中紫菀、百部等药味的薄层鉴别方法；通过 HPLC 法建立组方中紫菀酮的含量测定方法：采用 C_{18} 反相柱，以乙腈-水为流动相，检测波长为 200nm，回归方程为 A=11 481C+36 617（R^2=1，n=6），其线性范围为 10.2~510.0μg/mL，本试验所建立的方法简便、准确、专属性强、重复性好，可有效地控制颗粒的质量；通过加速试验和长期稳定性试验考察该制剂的稳定性，表明紫菀百部颗粒稳定性较好。

12. 防治奶牛繁殖障碍性疾病中兽药的研制

生产了 3 批益母凤仙酊中试药品，其质量通过了甘肃省兽药饲料监察所的质量验证，获得了临床试验批件，完成了临床验证和靶动物安全试验，正在撰写检验报告，整理了益母凤仙酊的新兽药申报材料；开展了防治奶牛胎衣不下复方精油的药效学研究，通过血液生理生化分析，其治疗胎衣不下的机理可能与调节奶牛血液中的乳酸脱氢酶、谷丙转氨酶、乳酸激酶含量有关；通过血清代谢组学行分析，复方精油治疗胎衣不下的机理可能是通过作用于精氨酸和脯氨酸代谢通路、ABC 转运蛋白通路，从而导致胎衣排出。

13. "藿芪灌注液" 中药制剂的研究与开发

完成了治疗奶牛卵巢静止和持久黄体的中药制剂 "藿芪灌注液" 的毒理学和药理学试验，建立了质量标准草案；取得甘肃省兽医局批准的临床试验批文，委托西北民族大学生命科学与工程学院开展临床扩大试验，在北京中农劲腾生物技术有限公司进行了中试生产，完成了新药申报材料并上报农业部。根据农业部兽药评审中心的意见，补充了 "藿芪灌注液" 新兽药的淫羊藿、丹参和红花的薄层鉴别资料，开展黄芪甲苷、淫羊藿苷含量测定方法学研究，提供了药物 24 个月长期稳定性试验以及临床试验资料，制备 3 批样品，完成了质量复核，进入最后技术评审。

14. 新型中兽药 "紫菀百部颗粒" 的研制

根据中兽医配伍原则，包含紫菀、百部等 6 味药材，通过猪支原体性肺炎疾病模型检验其疗效，中剂量组治愈率达到 90%，表明紫菀百部颗粒对猪支原体肺炎具有明显的治疗效果；根据小鼠的急毒试验及大鼠亚慢性毒性试验结果，表明该产品安全低毒；根据安全药理试验表明察紫菀百部颗粒对心血管系统、呼吸系统、泌尿系统及中枢神经系统的影响无显著性差异；通过大鼠祛痰试验、小鼠镇咳试验及豚鼠平喘试验结果表明，中、高剂量的紫菀百部颗粒具有明显的祛痰、镇咳及平喘的效果；采用正交试验筛选出该组方的提取方法为优化条件为 A3B3C1；通过薄层鉴别方法建立对组方中紫菀、百部等药味的薄层鉴别方法；通过 HPLC 法建立组方中紫菀酮的含量测定方法：采用 C18 反相柱，以乙腈 – 水为流动相，检测波长为 200nm，回归方程为 $A = 11\,481C + 36\,617$（$R2 = 1$，$n = 6$），其线性范围为 $10.2 \sim 510.0 \mu g/mL$，本试验所建立的方法简便、准确、专属性强、重复性好，可有效地控制颗粒的质量；通过加速试验和长期稳定性试验考察该制剂的稳定性，表明紫菀百部颗粒稳定性较好。

15. Startvac©奶牛乳房炎疫苗临床有效性试验

针对我国规模化奶牛场在乳房炎疾病管理与防治中存在的问题与实际需求，与西班牙海博莱生物大药厂合作，开展了适合于我国不同养殖水平奶牛场的乳房炎 "减抗" 综合防控技术研究。①引进并建立了奶牛乳房炎病原菌高通量检测技术 2 项，应用其检测奶牛乳房炎样本 2 200 头，其中金黄色葡萄球菌阳性检出率为 3.5%；大肠杆菌阳性检出率为 3.95%。②引进了奶牛乳房炎三联疫苗 Startvac，分别在甘肃、陕西 3 个奶牛场进行了临床有效性和安全性试验研究。结果表明，Startvac 疫苗可有效预防大肠杆菌、金黄色葡萄球菌及凝固酶阴性葡萄球菌感染引起的乳房炎，其中对大肠杆菌保护率为 78.17%，无不良反应，在产后 130 天内抗体滴度显著高于阴性对照组。③引进了西班牙加泰罗尼亚地区奶牛乳房炎防控管理技术，建立了传染性奶牛乳房炎防控管理技术规程（SOP），组织培训相关技术人员 100 余人次，通过现场示范提高了奶牛场控制乳房炎感染的执行力。本项目实施期间，相关技术辐射推广规模达 20 000 余头份，对我国奶牛健康养殖、乳品质改善、养殖企业（户）增收等提供了技术支撑和产品保障，可产生明显的社会效益和经济效益。

16. 新型微生态饲料酸化剂的研究与应用

通过对已存菌种复壮，从中筛选微量元素锌酵母与钙元素酵母菌。利用摇床发酵，测定发酵液 pH 值，并对发酵液经处理后，利用气-质联用进行了成分的初步测定。对富锌酵母发酵液的体外抗氧化作用进行了研究。结果表明，所选菌种生长和发酵良好，所产发酵液酸度为 pH 值达到 3.8~4.0。经气-质联用仪测定，已确定其中含 6 碳不饱和脂肪酸和 7 碳不饱和脂肪酸，两者含量达 76%、23%。富锌酵母发酵液具有体外抗氧化作用，即对超氧阴离子自由基，羟自由基，DPPH 自由基的清除作用较明显，对 Fe^{3+} 的还原力较强。低、中剂量能提高 IgA 的含量，中剂量能提高 IgM 含量，随剂量增大，IgG 反而减小。能够影响胃蛋白酶、胰蛋白酶的分泌，剂量增加，胰蛋白酶减少，胃蛋白酶增加。对二糖酶中麦芽糖酶有降低作用，但随着剂量增加而增加，对蔗糖酶和乳糖酶具有提升作用，随剂量增加蔗糖酶含量增加，乳糖酶呈现"V"形变化。不同剂量对血清中 C3 补体和 C4 不同影响效果不同。酸化剂对小鼠脾脏、消化道组织结构、腺苷脱氨酶、小鼠 caspase3 凋亡因子、小鼠铜蓝蛋白均具有明显的作用，对 C 反应蛋白和髓过氧化物酶作用不明显。能够增强鸡的抗病菌能力，提高饲料报酬，改善产品风味。

17. 新型高效安全兽用药物"呼康"的研究与示范

采用液相色谱法建立了氟苯尼考和氟尼辛葡甲胺的血药浓度检测方法，开展了复方制剂在健康仔猪体内的药代动力学研究，结果表明氟苯尼考在猪体内药代动力学模型符合一级吸收一室开放模型，最大血药浓度 C_{max} 为 （8.42±1.85） $\mu g \cdot mL^{-1}$；达峰时间 T_{max} 为 （2.09±0.59） h；吸收缓慢、消除缓慢、达峰时间较长，维持有效血药浓度时间长；氟尼辛葡甲胺在仔猪体内的血药浓度–时间拟合符合一级吸收二室开放模型，达峰时间 T_{max} 为 （0.60±0.21） h；达峰浓度 C_{max} （3.97±0.62） $\mu g \cdot mL^{-1}$；吸收半衰期 T_{α} 为 （0.82±0.38） h；消除半衰期 T_{β} 为 （10.55±7.15） h；吸收速度快、达峰时间短、半衰期较长、消除较慢。取得了复方制剂开展临床实验的批复件；开展了靶动物安全性实验、人工感染治疗试验，以及临床收集病例的治疗实验；初步的实验结果显示，中高剂量的新型复方制剂，对人工多杀性巴氏杆菌和链球菌感染病例有很好的治疗效果，优于对照的单方制剂。氟苯尼考和氟尼辛葡甲胺在猪的可食性组织中的残留，消除迅速，符合国家法规的规定。最终的实验报告正在整理当中。新兽药注册资料也在整理当中。

18. 防治仔猪腹泻纯中药"止泻散"的研制与应用

确定了"止泻散"处方的确定和生产工艺的优化，包装规格；研究和制定了"止泻散"质量标准草案，经甘肃省兽药饲料监察所复核并批准，确定了"止泻散"的质量标准草案；按照中兽药新兽药注册资料的要求，开展了"止泻散"药物的稳定性、体内外抑菌、急性毒性、长期毒性、刺激性、人工小鼠腹泻的治疗和亚慢性毒性试验等，初步确定了有效期可暂定为 2 年，临床应用安全，无毒副作用。在兰州市周边选择 7 个养猪场，开展"止泻散"治疗仔猪腹泻和预防仔猪腹泻的试验，共收治患腹泻仔猪 1 634 头，治愈 1 388 头，治愈率为 84.94%；在 4 156 头健康断奶仔猪中开展预防腹泻试验，预防保护率为 98.03%。现已向兽药行政主管部门申请新兽药临床疗效验证试验，委托有资质的单位进行新兽药的临床疗效验证和靶动物安全性试验。

19. 抗球虫中兽药常山碱的研制

参考《中国兽药典》，从药材性状、沉淀反应和 TLC 试验，完成常山药材的鉴定试验；通过比较浸泡、醇提和超声等多种提取方法，发现稀盐酸酸化、超生波提取的效果最好，目标产物得率达到 7.8%～12.6%；完成常山碱提取工艺研究和工艺优化，使目标产物中常山碱的含量提高 80 倍以上，达到 6.1%～12.5%；毒理学试验表明，常山碱的 LD_{50} = 18.16g/kg 体重，LD_{50} 的 95%可信限为 15.35～21.49g/kg 体重；亚急性毒性试验中常山碱低、中剂量组大鼠各试验指标与对照组比较均无显著性差异（P > 0.05），高剂量组毒性较大；药理学试验表明，常山碱和地克珠利、鸡球虫散均有良好的抗球虫效果，常山碱用量很小时（50mg/kg 饲料）即可显著减轻球虫病的危害，抗球虫指数 ACI = 169.01；研制出适合禽类临床应用的常山碱散剂，完成常山碱散剂兽药质量标准（草案）的制定工作；完成常山碱免疫活性的初步验证，结果发现常山碱或常山碱乙均可显著促进淋巴细胞和巨噬细胞的免疫活性；完成常山碱散剂的稳定性试验，包括长期试验、光加速试验和加速试验，结果表明常山碱在光照、高湿和长期放置，性状、含量没有明显变化；完成常山碱乙醇回流提取工艺的优化，浸膏得率和常山碱提取率均很高，为企业大生产奠定了基础。

20. 苦豆子总碱新制剂的研制

利用超声波技术对苦豆子总碱的提取进行试验研究，苦豆子总碱得率达到 29.81mg/g；完成了苦豆子总碱体外抑菌活性研究采用琼脂稀释法进行体外抑菌试验，结果表明，苦豆子总碱对表皮葡萄球菌、大肠杆菌、无乳链球菌、金黄色葡萄球菌的最小抑菌浓度（MIC）分别为 4.5mg/mL、3.5mg/mL、3.0mg/mL、2.5mg/mL；完成苦豆草总碱灌注液进行了小鼠的急性毒性试验。苦豆草总碱灌注液对雌性和雄性各半并随机分组的小白鼠的急性腹腔注射 LD_{50} 分别为 559.24mg/kg，其 95% 可信限范围为 471.95 ~ 663.59mg/kg，属于低毒性。

21. 抗梨形虫病新制剂"蒿甲醚注射剂"的开发

通过筛选不同助溶剂（注射用油），制备了蒿甲醚注射液（油剂），进行制备工艺研究，确定了最佳制备工艺。采用高效液相色谱法测定了注射液中蒿甲醚的含量，建立含量测定方法，该注射液中蒿甲醚含量为标示量的 92% ~ 93%，含量稳定。建立了蒿甲醚含量测定的 HPLC - UV 法和 HPLC - MS/MS 法。，建立了使用高效液相色谱——串联质谱法测定新型蒿甲醚注射液在西门塔尔牛血浆内的药物浓度的方法，完成了其在牛体内的药代动力学研究。

22. 抗球虫新药青蒿散的研制

获得了青蒿提取物抗鸡球虫活性物质提取的较佳工艺，确定了青蒿提取物制备成添加剂散的配方组成，建立了青蒿提取物取物制备成添加剂散的质量分析方法。通过大量临床试验，结果表明青蒿素提取物对鸡 E. tenella 有较好的效果，与对照组相比，各治疗组的相对增重率、成活率和抗球虫指数（ACI），均有明显改善、卵囊值与盲肠病变值也呈下降趋势，其中给药剂量最高组 40mg/kg，ACI 可达 147，即青蒿素抗球虫作用与剂量呈正相关。药效学试验结果显示，在球虫感染的第 60h，抑凋亡蛋白 Bcl-2FF 的表达量上升；在球虫感染的第 120 和 192Fh，则促调亡蛋白 Bax、Caspase-3 的表达量上升。而青蒿素提取物使用过程中则会下调 Bcl-2 的表起上调 Bax、Caspase-3 的表达，同时青蒿素提取物也显著下调 NF-kB 和比-17mRNA 的表达 CP<0.01）。

23. 天然茶树精油消毒剂的研制

利用水蒸气蒸馏法，完成了茶树精油提取和精制。采用 GC-MS 法采用最佳分析条件对茶树精油化学成分进行鉴定，用峰面积归一法测定各化合物在挥发油中的相对百分含量；通过研究，鉴定出 44 种化合物，其峰面积相对含量约占挥发油总量的的 99.49%。茶树精油的主要组分为松油-4-醇（39.25%），1，8-桉叶素（1.4%），α-松油醇（2.91%）。筛选 TW-80 为助溶剂，完成了茶树精油配方比例的研究。完成了茶树精油消毒剂质量标准研究、微生物杀灭研究、刺激性研究、致敏性研究、稳定性研究及现场杀灭试验。

24. 防治奶牛胎衣不下中兽药"归芎益母散"的研制

建立了"归芎益母散"中益母草、当归、川芎、三棱、莪术、红花、香附、干姜、甘草的显微特征性鉴别方法以及益母草、当归、川芎和红花的薄层鉴别方法；建立了"归芎益母散"质量控制参数，制定了"归芎益母散"的质量标准草案。稳定性试验研究结果表明，在光加速稳定性、6 个月加速稳定性以及 24 个月长期稳定性试验条件下，"归芎益母散"的外观性状和理化性质均未发生明显的改变，说明其稳定性良好，在 24 个月内能够保证制剂的有效性和安全性。进行了"归芎益母散"试生产试验研究，结果表明，"归芎益母散"的制备工艺条件适于 GMP 散剂制备车间生产，产品符合本品质量标准草案。开展归芎益母散治疗奶牛胎衣不下的靶动物安全性临床试验、实验性临床试验、和扩大临床试验试验，靶动物安全性试验结果表明，临床应用归芎益母散建议不超过 3 倍推荐剂量（1 200g/头），按照推荐剂量 400g/头应用归芎益母散防治奶牛胎衣不下的安全性、耐受性好。实验性临床试验结果表明，归芎益母散治疗奶牛胎衣不下的有效推荐剂量为 400g/头，其用药方案为：牛，经口灌服，一次量 400g/头，每天 1 次，用药 1～3d，且使用较安全。扩大临床试验结果表明，推荐剂量归芎益母散（400g/头）可有效治疗奶牛胎衣不下，并可提高胎衣不下患牛的繁育性能，治疗效果确切，临床用药安全。

25. 牛羊肉产品快速检测技术研究与应用

针对新丝路带民族特色畜产品，结合少数民族文化特点、少数民族地区的生态、优质安全畜产品资源以及畜产品产业链特点等，通过比对研究国内外牛、羊肉质量安全限量指标，对羊肉中重金属检测方法进行研究及条件优化，建立了"畜禽肉中汞的测定 原子荧光法""畜禽肉中砷的测定 原子荧光法""畜禽肉中铅的测定 原子荧光法"标准草案 3 项；采集 58 份牛、羊肉样品进行质量安全风险排查；建立基于 HRM 技术的牦牛肉掺假鉴别方法

26. 寒生、旱生优质灌草资源发掘与种质创新研究

共收集优质灌草种质资源 650 份。其中采集青藏高原、甘肃河西等地区植物分子材料 200 份；收集野生资源 100 份，高粱 100 份，苜蓿 50 份，燕麦 50 份，箭舌豌豆 30 份，山黧豆 20 份，黑麦草 20 份，毛苕子 20 份，沙拐枣 10 份、草木樨 10 份、旱熟禾 10 份，其他优质灌草资源 30 份。其中，评价与鉴定资源 80 余份。对一些优异灌草资源的农艺性状及抗逆性等进行评价，筛选出在干旱区具有很好的利用价值的育种材料 5 个，为下一步新品种选育提供了优异的种子资源。

27. 航苜 2 号紫花苜蓿新品种选育研究

航苜 2 号紫花苜蓿选育研究于 2017 年 5 月通过全国草品种审定委员会评审，申报备案参加 2018 年度全国草品种区域试验，该新品系是在航苜 1 号基础上，优中选优，使复叶多叶率由 42.1%提高到 71.9%以上，多叶性状以掌状 5 叶提高为羽状 7 叶为主，进一步提高草产量和营养含量，干产草量平均高于对照 16.72%、粗蛋白含量平均高于对照 6.63%、相对饲用价值（RFV）达到了美国一级苜蓿标准，平均高于对照 24.33%，目前已经建立原种扩繁田 1.2 亩，并在庆阳、兰州、陇西和岷县四个地区开展了品比试验和区域试验，完成了多叶率、草产量和营养成分的分析检测。

28. 苜蓿引种繁育研究与示范

完成西藏自治区（全书简称西藏）山南地区 200 亩中兰 1 号种子基地建设，收种田包括 2014 年种植的 100 亩草地，2010 年秋季种植的 30 亩草地，2010 年春季以前种植的 70 多亩草地（含 38 个苜蓿引种的种子生产性能比较区）。完成了西藏达孜 130 余份引种苜蓿材料 2014 年的常规鉴定，鉴定指标有鲜草产量、干草产量、株高、茎叶比、鲜干比等，选出了饲草高产的育种材料。完成了苜蓿种子繁育补充研究与示范，内容包括干燥剂使用试验、有效微量元素组合喷施示范、山南 39 个苜蓿引种区的种子生产性能测定等。进行了资源圃优选苜蓿品种（种质）的繁种工作，种植地点有甘肃甘谷、西藏达孜和西藏山南。开展了西藏苜蓿育种工作，筛选出来育种目标不同的 3 类目标材料。

29. 饲用高粱肉牛饲喂试验研究

利用青贮饲用高粱、青贮全株玉米为粗饲料，按照不同的比例搭配，与自配精料制备成全混合日粮，对西门塔尔肉牛进行饲喂效果的研究。研究表明，50%青贮高粱组日增重最好，饲料转化效率最高，日增重为 1.74kg；100%青贮玉米组（对照组）日增重最低，饲料转化效率也是最低的；100%青贮饲用高粱日增重为 1.68kg。青贮饲用高粱可以替代或部分替代青贮玉米进行饲喂，达到育肥的目的和效果。

30. 河西走廊地区饲草贮存加工关键技术研究

收集了不同水分生态型的苜蓿种质资源 38 份，选择三种水分生态型中典型的苜蓿品种各 4 个进行了干旱处理和抗旱性生理、生化指标的测定，并进行了简化基因组测序，发现 12 个苜蓿品种的系统进化树结果与前期课题组提出的形态学的表型分类符合度很高，计划将进一步对余下的典型的水分生态型苜蓿品种进行验证，完善水分生态型的分类理论。收集了河西走廊地区典型的饲草料 61 份，经过筛选，完成了 19 个品类共 30 个配方的袋装青贮，正在进行青贮品质和营养成分的分析，根据结果将进一步筛选和优化青贮配方。

第五节　应用开发研究进展

1. 甘肃甘南草原牧区生产生态生活保障技术集成与示范

结合牧民生产情况继续优化畜种结构，繁育优良牦牛公牛 20 头，母牛 630 头。培训牧民藏牦牛高效养殖技术 100 人次，在示范区指导生产并发放冬春季牦牛补饲料 5t，矿物盐营养舔砖 4t；进行牦牛藏羊生长与营养调控配套技术、营养平衡和供给模式技术示范，从营养上解决牦牛藏羊生产性能低下的现状；进行牦牛冬季暖棚饲养技术示范，解决草畜矛盾及季节不平衡等问题。新建甘南牧区有害生物防治优化技术体系示范区 1 个，面积 $10hm^2$；建立牧草高产丰产栽培技术试验区 1 个，面积 $33hm^2$。建立藏语双语科技信息平台，截至目前汉文版共整理发布农牧业科技信息 5 052 条，藏文版平台共搜集翻译各类科技信息 206 条，截至目前已整理发布 71 条。继续对养殖基地牛羊包虫病及家牧犬绦虫病的感染情况进行调查，投放驱虫药物 20 000 头次，并根据 35 头（份）犬、63 头（份）牛和 60 头（份）羊粪便样品检测结果，获得甘南州包虫病感染情况；建立了快速检测牛羊犬包虫病 ELISA 试剂盒方法，进一步为探索甘南牧区生产生态生活体系优化模式，为牧区经济发展、生态环境保护提供保障。

2. 牦牛高效育肥技术集成示范

与西藏农牧科学院畜牧兽医研究所等项目合作单位通力合作，在拉萨市当雄县龙仁乡建立牦牛高效育肥技术集成示范基地，成立牦牛育肥协会 1 个，建立 10 座牦牛高效育肥暖棚设施，建设年加工能力 1 500t 的饲草料加工车间 1 座。以"放牧+营养舔砖补饲模式"进行夏季强度放牧育肥牦牛 6 000 头，每头牛日增重达到 520g 以上，6 000 头育肥牛增加活重 31.20 万 kg，按屠宰率 52% 计算，增加鲜肉 16.23 万 kg；以"放牧+营养舔砖+精料补饲+驱虫健胃模式"，完成冷季半舍饲育肥 1 500 头，每头牛日增重达到 480g 以上，1 500 头育肥牛增加活重 7.20 万 kg，按屠宰率 51% 计算，增加鲜肉 3.67 万 kg。夏季强度放牧育肥和冷季半舍饲育肥合计年产值 915.00 万元（皮张及内脏等产值不包括在内）。完成西藏育肥牦牛肉品质分析，制定相关标准。项目执行期间培训专业技术人员 12 人, 开展农牧民科技培训 100 余人次。

3. 羊绿色增产增效技术集成模式研究与示范

在甘肃和内蒙古 2 个示范区集成羊全产业链 9 大关键技术体系 21 项核心技术, 构建牧区 "放牧+补饲" 育肥和农区 "舍饲直线育肥" 生产模式。2015 年示范羊规模 12 万余只, 繁殖成活率、净毛产量、羊肉产量分别提高了 10%、15%、18% 以上, 增效 20% 以上。为争取羊产品综合生产技术达到国际先进水平迈出了关键一步。其中, 在甘肃省肃南县集成了高山美利奴羊选育提高与杂交改良技术、绵羊双胎免疫、"两年三胎" 与多胎基因检测高效繁育技术、主要疫病防控技术、羔羊适时断奶技术、草原肥羔测草配方直线育肥技术、羊肉屠宰分割加工技术、"十统一" 优质细羊毛标准化生产技术、互联网+牧区绿色羊业等 8 项高效新技术, 可使牧区羊平均日增重达到 233g, 双羔率提高 14%, 每只羊新增收益 174 元 (肉和毛), 而且养殖过程中的污染可控, 羊粪能够实现零排放。在永昌县农区集成了重点集成了湖羊与引进肉羊最佳杂交组合模式、饲料加工调制技术、主要疾病防治技术、直线育肥技术、羊肉冰温保鲜技术、羊肉溯源技术、沼气和有机肥制作技术等 8 项高效集成新技术, 实现了羊产业降本增效, 着力打造了农区 "种、养、加、销一体化生态循环" 全产业链绿色肉羊生产模式, 充分利用了当地品种资源, 以纯种扩繁与高效杂交利用并重, 提高了优质种羊的利用率, 带动了示范区商品羊生产提质增效。

4. 高山美利奴羊品种 2 年 3 胎的生产技术体系的建立

在前期试验基础上, 优化调整试验方案, 开展高山美利奴羊 2 年 3 胎试验研究, 在肃南县皇城绵羊育种场进行 "两年三产+双胎免疫+人工授精高效繁殖技术" 示范, 关键解决非繁殖季节繁殖率低的问题。选择正常经产母羊 80 只参与示范, 3 次累计受胎母羊 224 只, 其中, 39 只产双羔, 双羔率达到 17.4%, 总产羔数 263 只, 每只母羊平均年产羔率 164.4%, 两年三产+双胎免疫+人工授精高效繁殖技术示范结果显示, 每只参与示范的母羊平均一年多产 0.5 只羔羊, 每只断奶羔羊按 300 元计算, 每只母羊年增加效益 150 元左右。

5. 墨竹工卡社区天然草地保护与合理利用技术研究与示范

初步形成墨竹工卡社区天然草地的功能区划管理方案, 提交墨竹工卡社区天然草地健康评价体系 1 个, 初步完成墨竹工卡社区天然草地、植物、土壤及放牧管理的数据库资料,形成墨竹工卡社区草原垃圾的管理办法1个,形成墨竹工卡社区天然草地恢复技术;完成社区天然草地植物群落调查样方60~90个,采集土壤样品80~120份;建立了30亩冬季补饲围封草地,重建和补播退化草地30亩,筛选出垂穗披碱草、披碱草、冷地早熟禾、老芒麦等优质牧草改良天然草地;改良草地66.66hm²。完成调查问卷200份,访问牧户累计232户;培训牧民200人次。

6. 新型中兽药射干地龙颗粒的研究与开发

根据农业部兽药审评办公室意见,先后2次对射干地龙颗粒申报材料进行了修正完善,完成了申报材料的评审与质量标准复核,于2015年获得新兽药注册证书(证号:新兽药证字17号)。委托湖南圣雅凯生物药业有限公司生产试验用射干地龙颗粒中试药物与相关对照药物近4 000kg,先后在甘肃省天水市、陇西县、渭源县、永登县、会宁县、榆中县、礼县、武威市、民勤县、临潭县及四川省、河北省与山东省等地20余家养鸡场或畜禽养殖公司推广应用射干地龙颗粒3 890kg,防治羽肉蛋鸡规模达126万只,取得了比较显著的社会经济效益。

7. 规模化奶牛场奶牛围产期疾病防控技术的研究

在甘肃、北京、陕西、宁夏、上海等地规模化奶牛场开展了奶牛围产期疾病发病情况调查,明确了奶牛围产期疾病的疾病谱。其主要疾病是乳房炎、子宫内膜炎、久配不孕、胎衣不下、真胃移位、产后瘫痪等。研制出促进奶牛产后子宫复旧的中兽药"五加归益散",该制剂可提高子宫收缩能力,促进恶露排除,加快子宫复旧,促进奶牛提前发情,提高受胎率,子宫内膜炎发病率仅为6.67%。开展了预防和产后保健复合中药饲料添加剂的研究。筛选出了产后灌服中药添加剂组方1个,探讨了在产后灌服中草药添加剂对产后奶牛的保健效果以及对血液生理、生化指标的影响。

8. 牛羊微量元素营养缺乏症的调查与防控技术的研究

开展了不同地区土壤-牧草-牛羊血清微量元素含量变化研究,明确了不同地区、不同季节牧草样品中微量元素含量变化规律。不同地区放牧草地表层土壤微量元素含量分布具有一定区域性差异,但受季节因素的影响不显著。牧草中锰、钴、硒含量没有显著地季节性变化,锌、铜含量在夏季要高于冬季,硒的含量在冬季要高于夏季；地区和季节的共同作用影响牧草中一些微量元素的含量，为制定牛羊微量元素代谢病的防控技术提供了基础数据。研制出了以硒、铜、锌、铁、钴、锰等元素等为主的微量元素舔砖。

第六节 科研条件建设进展

1. 科技平台建设工作如火如荼

研究所在创新工程的支持下，利用增量撬动存量，积极申报各级各类科技平台，科学编制试验基地和基本建设规划，努力争取中央财政基本建设项目和修缮购置专项资金，着力改善科研基础条件和提高科研仪器水平。先后获得了中国农业科学院公共安全项目"所区大院基础设施改造项目"，经费 650 万元；牛羊基因资源发掘与创新利用研究仪器设备购置和药物创制与评价研究仪器购置项目，经费 1 201.50万元；农业部兰州黄土高原生态环境重点野外科学观测试验站观测楼维修项目，经费 320 万元；牧草新品种选育及草地生态恢复与环境建设研究仪器设备购置项目，经费 805 万元；农业部兽用药物创制重点实验室建设项目，经费 825 万元；中国农业科学院兰州畜牧与兽药研究所试验基地建设项目，经费 2 180万元。在这些项目的支持下，研究所基础设施条件和仪器设备条件发生了巨大变化。

在改善基本条件的同时，研究所还加强平台建设和管理力度，先后组织申报了"国家中兽药工程技术研究中心"等各类科技平台，其中"国家农业科技创新与集成示范基地""中国农业科学院羊育种工程技术研究中心""全国农产品质量安全科普示范基地"和"全国名特优新农产品营养品质评价鉴定机构"先后获得批复；完成了研究所"十三五"试验基地发展规划和"十三五"基本建设规划等材料；甘肃省新兽药工程重点实验室、甘肃省牦牛繁育工程重点实验室和甘肃省中兽药工程技术研究中心顺利通过验收评估，农业部动物毛皮及制品质量监督检验测试中心通过国家认监委复检，SPF 级标准化动物实验室进行了维修改造并顺利通过年检，兽药 GCP、GLP 认证工作在积极推进，提高了科技平台支撑服务科研能力。

2. 科技平台开放共享顺利进行

研究所在大型仪器设备、科技平台和试验基地管理中遵循"开放、流动、联合、竞争"的原则，制定了面向单位内部、所在区域乃至全国需求的开放措施，分别与兰州大学、兰州理工大学、甘肃农业大学、甘肃草原生态研究所、甘肃省中医学校、甘肃省气象局、兰州市气象局、甘肃气象研究所、中国农业科学院农业环境与可持续发展研究所等单位建立了开放共享的实验基地和实验室，并积极开展对外分析测试服务工作，先后为甘肃富民生态农业科技有限公司、金塔县金畜源牧业有限公司、甘肃农业大学、兰州理工大学等企事业单位进行了羊毛质量分析、畜产品质量检测等服务工作，两年来共创收 88.1 万元。此外，研究所还充分发挥互联网功能，建立了传统中兽医药资源数据库、中国藏兽医药数据库和国家奶牛产业技术体系疾病防控技术资源数据库等 3 个网络数据共享平台，扩大宣传，促进交流，为开展协同创新提供了良好的服务。

第七节　人才团队建设进展

按照中国农业科学院科技创新工程建设要求，制定了研究所科技创新工程实施方案。设置了科技创新岗位 122 个，其中创新科研岗位 98 个、管理岗位 12 个、支撑岗位 12 个。

按照中国农业科学院科技创新团队建设和遴选标准，组织申报了院科技创新团队。2013 年，经过精心组织申报，牦牛资源与育种、兽用化学药物、兽用天然药物、奶牛疾病 4 个团队进入院第二批科技创新团队。2014 年，经过申报遴选，有兽药创新与安全评价、细毛羊资源与育种、中兽医与临床、寒生旱生灌草新品种选育 4 个团队入选中国农业科学院科技创新团队。目前研究所有中国农业科学院科技创新团队 8 个。

按照团队成员逐级聘用和动态管理的原则，两年来，研究所先后有 9 名科技人员因工作需要或符合条件被聘为骨干专家，有 12 名科技人员因工作需要或符合条件被聘为科研助理。目前，研究所一线从事科研工作的人员共有 99 人，进入创新工程的共有 78 人。对暂时未能进入创新团队的 21 名科技人员，研究所按照学科和研究方向，将其纳入相应学科的创新团队，共同参与创新工程，并由团队统一组织管理，统一确定研究任务，统一实施考核。

在中国农业科学院的领导下，兰州畜牧与兽药研究所以建设现代农业科研院所为契机，以实施科技创新工程为驱动，以"青年英才"等高层次人才引进、自有青年人才培育为抓手，坚持"自我培养为主，外部引进为辅"的人才建设思路，不断完善人才管理机制，取得了一定的成绩。

1. 积极建设创新团队

2013 年中国农业科学院科技创新工程正式启动实施。研究所抢抓机遇，动员全所力量，凝炼学科、组建团队、构建管理新模式，最终牦牛资源与育种、奶牛疾病、兽用天然药物、兽用化学药物、兽药创新与安全评价、中兽医与临床、细毛羊资源与育种、寒生旱生灌草新品种选育等 8 个创新团队先后入选院科技创新工程第二批、第三批试点团队，为研究所人才队伍建设提供了难得的平台。现共有创新团队科研人员 93 人，其中团队首席专家 8 人、骨干专家 37 人、研究助理 48 人。

2. 努力引进优秀人才

引进优秀人才是研究所始终坚持的人才队伍建设措施。①按照学科建设需要，研究所积极开展应届毕业博士、硕士招录工作，及时补充科技队伍。创新工程实施以来，共招录硕士毕业生 14 名、博士毕业生 9 名。②积极招收博士后研究人员，充实研究所人才队伍。目前，共招收博士后 6 名，出站 1 名。③按照中国农业科学院"青年英才计划"管理办法，结合研究所学科发展、创新团队建设、重点学科领域等对人才的需求，制定了"青年英才计划"招聘方案和计划，开展"青年英才"招聘工作。截至目前，还没有取得突破。④采取灵活有效的柔性引进方式，吸引知名专家来所开展学术工作。目前已经有 1 名国外知名专家来所工作、2 名国内知名专家与研究所建立了联系。

3. 全力培养自有人才

坚持自有人才培养，是研究所人才队伍建设中始终坚持的做法，也是研究所人才队伍建设的一条有效途径。

（1）鼓励在职深造

重视科研人员在职深造，鼓励科研人员在职攻读学位，提高专业素养。在职深造成为科研人员学习提高的主要形式，这样既可以调动研究所现有科技人才的工作积极性，也可以鼓励科技人才在工作中锻炼成长，逐步增强研究所招聘人才的吸引力。近五年来，通过在职学习，有 12 人取得了博士学位，2 人取得了硕士学位。

（2）加大交流培养

建立青年学者学术交流机制，鼓励和培养青年人才走向学术讲坛，提高科研交流水平和科研素质建设。积极加大对现有专家、领军人才的培养，选派出国或在国内培训，提高自身能力。建立优秀青年人才培养候选人员库，所领导、人事部门和团队专家多管齐下，多方联系国内外科研院所和单位，有计划地选派优秀科研人员进修学习。目前，有 2 名科研人员分别赴意大利、加拿大攻读博士学位，4 名科研人员赴肯尼亚国际家畜研究所和英国皇家兽医学院进修学习，4 名科研人员分别赴西藏农牧厅、甘肃省张掖市挂职锻炼。

（3）注重实践锻炼

注重在实际工作中锻炼成长。支持和鼓励有实力、有思路、有基础的专家，瞄准国家战略发展目标、重大科技专项和学科前沿问题以及多学科交叉的新的学科增长点，积极争取并承担各类国家和省部重大科研计划项目，在实践中锻炼和培养人才。在青年人才的使用上，通过分配重要任务、主持项目等形式，给任务，压担子，让青年人才尽早深入到科研项目实施中，通过实际工作锻炼，尽快成长起来。目前研究所畜牧、兽医、兽药、草业等各个学科的骨干力量，都是在实际工作岗位上锻炼成长起来的。

（4）提供条件支持

充分利用基本科研业务费专项，支持和鼓励科研青年人才根据各自的研究方向自主选题立项，开展技术、成果等探索性创新性研究。在此基础上，逐步推进，依据青年人才科研工作取得的进展，支持其申报、承担国家省部级科研项目。

4. 加大研究生培养力度

2014—2017 年，研究所在中兽医学、动物遗传育种与繁殖、临床兽医学、基础兽医学、兽医、养殖、食品科学、草学等 8 个专业招收硕士、博士研究生。经中国农业科学院研究生院、甘肃农业大学、西北民族大学批准，研究所新增博士、硕士研究生培养导师 22 人，共培养研究生 50 名（含在职培养），其中博士 12 名，硕士，38 名。随着研究所科学研究自主创新能力的不断提高，对外学术交流与合作领域的不断扩大，师资力量的不断壮大，研究所充分发挥学科优势，还与甘肃农业大学、西北民族大学等高等农业院校开展联合培养研究生 31 人。

5. 人才队伍建设成效

2015 年，研究所 1 人入选国家百千万人才工程，1 人获"国家有突出贡献中青年专家"荣誉称号，1 人获得国务院政府特殊津贴，"兽药创新与安全评价创新团队"入选第二批农业科研杰出人才及其创新团队。2016 年，1 人获甘肃省优秀专家称号。"高山美利奴羊新品种培育及应用课题组"获 2014—2015 年度中国农业科学院"青年文明号"称号。2017 年，研究所 1 人获全国农业先进个人称号，2 人入选中国农业科学院农科英才领军人才 C 类人选，1 人入选中国农业科学院"科研英才培育工程"，畜牧研究室获中国农业科学院先进集体称号。值得一提的是，研究所解放思想，结合实际，坚持不求所有，但求所用，建立了适合研究所的人才自主培养和柔性引进机制，柔性引进世界知名牛病专家 Scenci Otto 教授等 3 位专家来所工作，此做法实现了多年来引进高级人才零的突破，亦获得中国农业科学院领导和相关部门肯定和支持。

第八节 成果转化与服务进展

2014—2017 年间，研究所与 40 多家企业签署合作协议，转让成果 42 项，合同经费 1 148 万元，与地方政府签署战略合作协议 12 份。研究所先后与成都中牧生物药业有限公司、上海朝翔生物技术有限公司、四川江油小寨子生物科技有限公司、北川大禹羌山畜牧食品科技有限公司、青岛蔚蓝生物股份有限公司、湖北武当动物药业有限公司、甘肃陇穗草业有限公司、张掖迪高维尔生物科技有限公等全国 40 多家科技企业建立了良好的合作关系，通过共建联合实验室、技术支持、成果转让等多种方式，搭建科企合作、互惠共赢的新局面。

1. 科技成果转化情况

研究所先后与成都中牧生物药业有限公司、湖北武当动物药业有限责任公司就新兽药"苍朴口服液""射干地龙颗粒""板黄口服液"达成转让协议，转让经费达 280 万元；与湖北回盛、济南亿民、德州京新 3 家企业联合签订"银翘蓝芩口服液"成果转让，金额 90 万元，向武威顶乐生态牧业有限公司转让"一种固态发酵蛋白饲料的发酵盒"等系列专利权，转让金额 30 万元；

与岷县方正草业开发有限责任公司签订岷山红三叶航天育种材料转让及技术服务合同，转让经费 10 万元。与甘肃陇穗草业有限公司达成"航苜 1 号紫花苜蓿新品种委托授权协议"，金额 15 万元；与甘肃猛犸有限公司达成"中兰 1 号苜蓿品种转让协议"，金额 15 万元；与酒泉大业种业有限责任公司达成"中兰 2 号紫花苜蓿新品种种子生产经营权转让协议"，金额 10 万元；将"一种提高牦牛繁殖率的方法"等 1 项专利转让予青海五三九生态牧业科技有限公司，转让金额 5.5 万元。与岷县方正草业开发有限责任公司达成"一种简易多层梯形草样晾晒架"等 5 项专利转让协议，转让金额 3 万元；将"一种快速测定苜蓿品种抗旱性和筛选抗旱苜蓿品种的方法"等 3 项专利转让予北京阳光绿地生态科技有限公司，转让金额 3.6 万元。

2. 科技能力转移情况

研究所在科技成果转化的同时，积极与企业进行项目合作。先后与与河南黑马动物药业有限公司签订"青蒿提取物的药理学和临床研究"合同，开展青蒿提取物新兽药的相关研究，合同经费 30 万元；与河南舞阳威森生物医药有限公司、北京中联华康科技有限公司新兽药签订"土霉素季铵盐"的研究开发合同，开展新兽药的前期试验研究经费 50 万元；与郑州百瑞动物药业有限公司签订"抗炎药物双氯芬酸钠注射液"技术服务合同，开展双氯芬酸钠药代、临床试验，合同经费 60 万元；与甘肃省绵羊繁育技术推广站签订"青海藏羊多胎基因检测"委托服务合同，技术服务经费 15 万元；为甘南合作农业科技园区提供发展规划技术服务，技术服务经费 20 万元。对天津中澳嘉喜诺生物科技有限公司就"茶树纯露消毒剂的研究开发"开展技术服务，金额 40 万元；对洛阳惠中兽药有限公司就"头孢噻呋注射液影响因素及加速试验"进行技术服务，金额 14 万元。借助研究所科研实力，帮助企业解决药物研发过程中的关键问题，促进产学研的有机结合，加速科技成果转化。

第九节　国际合作交流进展

通过院科技创新工程的实施，促进了研究所与国内外高校和科研机构的深入交流，并取得了丰硕成绩。试点期内，研究所共请进来自美国、德国、英国、西班牙、澳大利亚、匈牙利、瑞士、印度、尼泊尔、不丹、巴基斯坦等国家和地区的专家学者70人次，派出21个团，62人次出访美国、英国、澳大利亚、荷兰、肯尼亚、苏丹、俄罗斯、日本等国家参加国际学术会议、开展合作交流与技术培训。经过前期接触与沟通，研究所主办了主题为"牦牛产业可持续发展"的第五届国际牦牛大会，来自10个国家的200多位专家学者和企业家参加了会议；分别与澳大利亚谷河家畜育种公司和西班牙海博莱公司签订了共同建立"中澳细毛羊育种实验室"和"中西动物疫病无抗防治技术研究与应用实验室"的合作协议；获得中日技术合作事物中心批准的"中日青少年科技交流计划项目"1项，同意我所与日本鸟取大学开展青少年科技交流活动；获得2014—2015年度中德农业科技合作项目计划"牦牛分子细胞工程育种技术创新利用研究"1项；获得中泰政府间科技合作联委会第21次会议项目"中泰中兽医联合实验室建设推荐交流"1项；与澳大利亚谷河家畜育种公司、德国吉森人学、德国畜禽遗传研究所、西班牙海博莱公司、苏丹农牧渔业部、瑞士伯尔尼大学寄生虫研究所、美国中兽医气研究所、南非夸祖鲁-纳塔尔大学分别签订了8份科技合作协议。通过与多个国家建立广泛的合作关系，提高了研究所科学研究水平和科技攻关的综合能力，使研究所科研人员获得了新的知识、新技术和新方法，锻炼和培养了科研队伍，增强了研究实力。

研究所自创新工程实施以来在国际合作工作中取得了长足的进展。先后与澳大利亚、荷兰、美国、丹麦、德国、英国、加拿大、匈牙利、苏丹、不丹、西班牙、阿根廷、法国、日本等国家的高校、科研机构和企业开展了广泛的双边国际合作研究和学术交流，建立了长期的科研合作和交流的关系。通过多种渠道邀请国外专家来所讲学、访问，同时委派专家出访、办讲座、留学，参加国际专业学术交流等活动，掌握国际科技前沿的研究动态、新技术，促进研究所科技水平的提高。共接待国外专家来访95人次，研究所专家出国（境）学习交流95人次，交流访问78人次，参加国际学术会议17人次。获得了甘肃省兽医诊疗技术国际合作基地、甘肃省中泰联合实验室、省科协海智基地等3个国际合作基地。通过积极申报，获得"948"、国家自然基金、西班牙国际合作项目、甘肃省国际合作项目等4项各部门支持的国际合作项目。先后与德国畜禽遗传研究所开展功能基因组学和生物调控机制研究，与德国吉森大学开展牦牛奶性状及相关功能性成分研究，与澳大利亚谷河家畜育种公司开展细毛羊育种、优质绵羊种质资源引进工作，与泰国清迈大学开展中泰中兽医药学技术联合实验室建立工作，与美国气研究所开展中兽医药学技术研究工作，与瑞士伯尔尼大学开展联合申请相关领域合作研究项目工作并联合培养科技人才，与匈牙利圣伊斯特万大学开展动物疾病的防控与技术、营养与饲料科学、动物福利与保护及兽医药理学研究工作。通过双边科技项目的合作研究，增强了研究所对外科技合作的水平，拓展了研究所国际科技合作的渠道，培养了科技专家，取得了重要的科技成果。同时，还充分发挥学科与人才资源的优势条件，积极扩大对外科技人才培训工作。

1. 成功举办第五届国际牦牛大会

2014 年 8 月 28—30 日，由研究所牦牛资源与育种创新团队主办的第五届国际牦牛大会在甘肃兰州胜利召开。来自中国、德国、美国、印度、尼泊尔、巴基斯坦、瑞士、不丹、吉尔吉斯斯坦、塔吉克斯坦等 10 个国家的 200 多位专家学者和企业家代表参加了此次会议。

大会开幕式

中国农业科学院党组副书记、
副院长唐华俊讲话

牦牛资源与育种创新工程
首席阎萍研究员致欢迎辞

国际山地综合发展中心副总干事
艾科拉亚·沙马博士致辞

2. 顺利承办发展中国家中兽医药学技术国际培训班

于 2017 年承办了"发展中国家中兽医药学技术国际培训班",分别来泰国、印度、马来西亚、埃及、巴基斯坦、波黑、阿尔及利亚、埃及等国家的 19 名学员参加了培训,收到了良好的培训效果,扩大了研究所的国际影响,拓展了研究所对外交流的渠道。通过大批专家特别是高级专家的国际学术交流,加强了研究所学科建设、科学研究和人才培养。

第十节　资金使用管理进展

研究所 2014 年有 4 个创新团队获得创新工程经费 613 万元,2015 年 8 个创新团队获得创新工程经费 1 760 万元,2016 年 1 274 万元,2017 年 1 722 万元,共计 5 369 万元。为规范使用管理创新工程经费,研究所依据国家有关政策先后制订了《研究所科技创新工程财务管理办法》《研究所科研经费预算调整管理办法》《研究所科研经费信息公开实施细则》等办法,切实加强组织领导,发挥好研究所及团队首席的作用,科学合理地做好创新工程专项资金的预算编制工作,工作中严格按预算批复执行,项目资金实行独立核算、专款专用。在内控机制方面,以资金流向为切入点,进行全程跟踪管理,建立健全风险预警与防控、自查自纠与整改机制,强化审计与检查结果运用。严格经费的使用申请与报销流程:先由团队首席审核签字,之后由科技处对"事权"进行审批,条财处对"财权"进行审批,再由主管所领导签字,方可使用经费或报销。定期召开创新工程经费使用及预算执行情况通报会,开展警示教育活动。同时,加强外拨资金管理,强化日常开支审核,综合运用各种手段强化监管,保证创新工程经费规范使用。近几年来,所有专项资金无挤占、挪用、套取等违规问题发生。

第五章 创新团队科研成果

第一节 科技创新成果

2014—2017 年，研究所共发表科技论文 572 篇，其中 SCI 收录 140 篇，累计影响因子 242.09；出版著作 64 部，获得各级科技成果奖励 36 项，其中省部级奖励 19 项；获得国家畜禽新品种 1 个（高山美利奴羊），牧草新品种 3 个（中兰 2 号紫花苜蓿、陇中黄花矾松和航苜 1 号紫花苜蓿），获得国家二类新兽药证书 2 项，三类新兽药证书 5 项，授权专利 828 项，其中发明专利 117 项，授权软件著作权 10 项；颁布国家标准 3 项，农业行业标准 5 项。

1. 国家畜禽新品种"高山美利奴羊"

"高山美利奴羊"新品种是中国农业科学院兰州畜牧与兽药研究所主持并联合甘肃省绵羊繁育技术推广站等单位历经 20 年育成的国内外唯一一个适应

高海拔寒冷与干旱严酷牧区的羊毛纤维直径主体为 19.1~21.5μm 的高山型毛肉兼用细毛羊新品种。2015 年 9 月 6—8 日，成功通过了国家畜禽遗传资源委员会羊专业委员会初审，上报国家畜禽遗传资源委员会审定。细毛羊资源与育种创新团队联合甘肃省绵羊繁育技术推广站等 7 家单位，历经 20 载，以澳洲美利奴羊为父本、甘肃高山细毛羊为母本，运用现代育种先进技术成功培育出世界首例适应 2 400~4 070m 高山寒旱生态区的羊毛纤维直径 19.1~21.5μm 的毛肉兼用细毛羊新品种——高山美利奴羊新品种。高山美利奴羊实现了澳洲美利奴羊在我国高海拔高山寒旱生态区的国产化，丰富了我国羊品种资源的结构，为培育独特生态区先进羊品种培育提供了成功范例，填补了世界高海拔生态区细型细毛羊育种的空白，是我国高山细毛羊培育的新突破，达到国际领先水平。据预测，每年可推广种公羊 1.6 万只，改良细毛羊 600 万只，新增产值可达 10 亿元。新品种有利于促进我国细毛羊产业升级，保护草原生态，具有不可替代的经济价值、生态地位和社会意义。

高山美利奴羊种公羊

高山美利奴羊种母羊

2. 国家牧草新品种"中兰2号紫花苜蓿"

研究所寒生旱生灌草新品种团队经过十多年的辛勤培育，选育出的"中兰2号紫花苜蓿"新品种于2017年7月通过全国草品种审定委员会审定，登记为育成品种，品种登记号：519。该品种适用于在黄土高原半干旱半湿润地区旱作栽培，可直接饲喂家畜，调制、加工草产品等，生产性能优越。在饲用品质方面，该苜蓿营养成分高，适口性好。该品种是适于黄土高原半干旱半湿润地区旱作栽培的丰产品种，产草量超过当地农家品种15%以上，超过当地推广的育成品种和国外引进品种10%以上，能解决现有推广品种在降雨较少的生长季或年份产草量大幅下降的问题，在干旱缺水的西部地区，该品种对提高单位草地生产率，推动区域苜蓿产业化的发展具有重要意义。

3. 甘肃省牧草新品种"航苜1号紫花苜蓿"

航苜1号紫花苜蓿是利用航天诱变育种技术，选育出我国第一个省级登记的多叶型紫花苜蓿新品种，并经国家草品种审定委员会评审，批准参加国家草品种区域试验。其基本特性是优质、丰产，多叶率（5叶为主）高。干草产量、粗蛋白质含量和18种氨基酸总量分别比普通苜蓿对照组高12.8%、5.79%和1.57%，多叶率达41.5%，种子千粒重2.39g，牧草干鲜比1：4.68。

4. 甘肃省牧草新品种"陇中黄花矶松"

陇中黄花矶松属于观赏草野生驯化栽培品种，株丛较低矮，花朵密度大，

航天诱变育成牧草品种 "航苜1号紫花苜蓿"

花期长，花色保持力强，观赏性强；具有抗旱性极强，高度耐盐碱、耐贫瘠，耐粗放管理的特点，主要用于园林绿化、植物造景、防风固沙、饲用牧草和室内装饰等多种用途。

观赏野生草 "陇中黄花矾松"

5. 国家二类新兽药 "赛拉菌素、赛拉菌素滴剂"

证书号：（2016）新兽药证字 2 号、（2016）新兽药证字 3 号，是研究所兽药创新与安全评价创新团队与浙江海正药业有限公司、东北农业大学合作共同研制的，该药属于新型阿维菌素类抗寄生虫药，对动物体内和体外寄生虫有很强的杀灭活性。其可促进寄生虫突触前神经元释放抑制性神经递质 g-氨基丁酸（GABA），打开 GABA 及谷氨酸控制的氯离子通道，增强神经膜对氯离子的通透性，从而阻断神经信号的传递，使虫体发生快速、致死性和非痉挛性的神经性肌肉麻痹。赛拉菌素是目前国内最新的广谱抗寄生虫药。

6. 国家三类新兽药 "射干地龙颗粒"

证书号：（2015）新兽药证字 17 号，是研究所中兽医与临床创新团队郑继方研究员等研制的，主要针对鸡传染性喉气管炎，应用中兽医辨证施治理论、采用现代制剂工艺所研制出的新型高效安全纯中药口服颗粒剂；射干地龙颗粒是从中兽医整体观出发，在《金匮要略》射干麻黄汤的基础上，辨证加减，并根据鸡传染性支气管炎临床症状和病理表现，而开发的中兽药颗粒剂。该制剂治疗产蛋鸡呼吸型传染性支气管炎的效果显著；能够对抗组胺、乙酰胆碱所致的气管平滑肌收缩作用，从而起到松弛气管平滑肌和宣肺的功效；同时能明显减少咳嗽的次数，并能增强支气管的分泌作用，表现出镇咳、平喘、祛痰、抗过敏的作用。射干地龙颗粒主要由射干、地龙、北豆根、五味子中药组成，具有清咽利喉、化痰止咳、收敛固涩等功能。

7. 国家三类新兽药"苍朴口服液"

证书号：（2015）新兽药证字 48 号，是研究所奶牛疾病创新团队刘永明研究员等研制的，主要针对犊牛虚寒型腹泻病的病因、病理，在传统中兽医理论指导下，结合现代中药药理研究和临床用药研究，通过诊断和治疗研究，研制的治疗犊牛虚寒型腹泻病的纯中药口服液，该药使用方便，临床疗效确实，治疗效果优于或等于同类产品，平均治愈率为 84.06%，总有效率为 93.24%。

8. 国家三类新兽药"板黄口服液"

证书号：（2016）新兽药证字 14 号，是研究所兽药创新与安全评价创新团队张继瑜研究员等研制的，是以板蓝根、黄连、金银花、黄芩、等为原料研制开发的新型中草药口服制剂，主要用于畜禽类呼吸道感染性疾病的预防和治疗。该产品组方新颖，生产成本低，收益高，生产工艺先进、质量可控，并具有高效、安全、低毒、临床使用方便和无残留的优点。该产品适合规模化生产，在临床上大力推广应用，必将产生巨大的经济效益和社会效益，具有广阔的市场潜力。

9. 国家三类新兽药"蘷芪灌注液"

证书号：（2017）新兽药证字 13 号，是研究所奶牛疾病创新团队严作廷研究员等研制的，依据传统中兽药辨证论治原理，结合现代中药药理与临床研究的资料，研制出了治疗奶牛持久黄体和卵巢静止中药制剂催情助孕灌注液。

 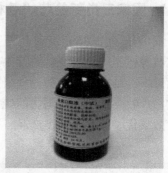

通过药理学、毒理学、质量标准研究和临床试验研究，结果表明催情助孕灌注液安全可靠。在甘肃、宁夏、青海等地奶牛场开展治疗奶牛持久黄体和卵巢静止临床试验，结果表明对卵巢静止治愈率为 88.39%，总有效率为 94.64%；对持久黄体的治愈率为 81.11%，总有效率为 90%。

10. 国家三类新兽药"根黄分散片"

证书号：（2017）新兽药证字 28 号，是研究所中兽医与临床创新团队罗永江副研究员等研制的，根据鸡传染性喉气管炎的临床症状和病理表现，从中兽医辩证施治出发，依据中兽医理法方药理论，参考许多医学临床治疗喉痹的有效方剂，在清咽解毒汤基础上，经过临床药效学进行科学处方筛选研制而成的针对鸡传染性喉气管炎的中兽药新制剂，由中药山豆根、黄芩、射干、板蓝根、桔梗、甘草及相关的崩解剂与赋形剂经过现代制药工艺精制而成。具有很好的抗炎、解热作用，以及祛痰、止咳作用，是一种安全的、实际无毒产品。具有清咽利喉，祛痰止咳之功，主治鸡传染性喉气管炎。

11. 国家三类新兽药"乌锦颗粒"

（2019）新兽药证字 33 号，是研究所科研人员依据传统兽医学理、法、方、药理论，结合羔羊痢疾的病证特点，根据现代中药临床与药理研究和中药制剂技术，通过不同候选处方的筛选和临床疗效评价试验，研制出治疗羔羊痢疾的中兽药颗粒剂，治疗羔羊痢疾病临床疗效确实，使用方便，治疗效果与同类产品相比优于或等于，平均治愈率为 83.10%，总有效率为 95.40%。

第二节 获得科技奖励

1. 牦牛选育改良及提质增效关键技术研究与示范

获得 2014 年甘肃省科技进步二等奖。主要完成人为牦牛资源与育种创新团队阎萍研究员、梁春年副研究员、郭宪副研究员、裴杰助理研究员等。

该成果主要取得了以下成绩：①建立甘南牦牛核心群 5 群 1 058 头，选育群 30 群 4 846 头，扩繁群 66 群 9 756 头，推广甘南牦牛种牛 9 100 头，建立了甘南牦牛三级繁育技术体系。②利用大通牦牛种牛及其细管冻精改良甘南当地牦牛，建立了甘南牦牛 AI 繁育技术体系，推广大通牦牛种牛 2 405 头，冻精 2.10 万支。改良犊牛比当地犊牛生长速度快，各项产肉指标均提高 10% 以上，产毛绒量提高 11.04%。③通过对牦牛肉用性状、生长发育相关的候选基因辅助遗传标记研究，使选种技术实现由表型选择向基因型选择的跨越，已获得具有自主知识产权的 12 个牦牛基因序列 GenBank 登记号，为牦牛分子遗传改良提供了理论基础。④应用实时荧光定量 PCR 及 western blotting 技术，对牦牛和犏牛 Dmrt7 基因分析，检测牦牛和犏牛睾丸 Dmrt7 基因 mRNA 及其蛋白的表达水平，探讨其与犏牛雄性不育的关系，为揭示犏牛雄性不育的分子机理提供理论依据。⑤制定《大通牦牛》《牦牛生产性能测定技术规范》农业行业标准 2 项，可规范牦牛选育和生产，提高牦牛群体质量，进行标准化选育和管理。⑥优化牦牛生产模式，调整畜群结构，暖棚培育和季节性补饲，组装集成牦牛提质增效关键技术 1 套，建成甘南牦牛本品种选育基地 2 个，繁育甘南牦牛 3.14 万头，养殖示范基地 3 个，近 3 年累计改良牦牛 39.77 万头。

2. 牛羊微量元素精准调控技术研究与应用

获 2014 年甘肃省科技进步三等奖，主要完成人为奶牛疾病创新团队的刘永明研究员、王胜义助理研究员、荔霞副研究员、王慧助理研究员等。

该成果通过对甘肃等省（区）牛羊主要养殖区土壤、牧草、牛羊血清微量元素动态变化进行系统检测、牛羊生产性能和相关疾病流行病学调查。①制定出微量元素调控技术和补饲技术。②研制出奶牛、肉（牦）牛、犊牛和羊

肃省科技进步二等奖　　　　甘南牦牛种公牛

微量元素舔砖系列新产品 8 种，试验期内提高奶牛日产奶量 2.44kg；提高肉牛日增重 0.133kg、犊牛日增重 0.259kg、肉羊日增重 0.0269kg；提高母牛受胎率 7.32%、犊牛成活率 8.01%、母羊受胎率 9.75%；降低母牛流产率 5.16%、乳房炎发病率 13.89%、胎衣不下发病率 17.22%、子宫内膜炎发病率 13.19%、生产瘫痪发病率 4.8%。③研制出牛羊缓释剂 2 种，试验期内提高奶牛日产奶量 0.47kg；提高肉牛日增重 0.157kg、羊日增重 0.0281kg、母牛受胎率 6.25%、母羊受胎率 10.6%、羔羊成活率 9.0%；降低母牛流产率 2.75%、乳房炎发病率 10.49%、胎衣不下发病率 12.78%、子宫内膜炎发病率 11.4%。④研制出牛羊舔砖专用支架 2 种和缓释剂专用投服器 2 种，达到长期、持续、清洁补充微量元素的目的。

获甘肃省饲料工业办公室批准的添加剂预混料生产文号 8 个，甘肃省质量技术监督局企业产品标准 8 个；申报专利 18 项，其中授权 11 项、公开并进入审查 7 项；出版著作 3 部；发表论文 45 篇。

取得农业部添加剂预混合饲料生产许可证 1 个；建立添加剂预混料生产车间和 2 条微量元素舔砖和缓释剂生产线；通过新产品技术转让，在中国农业科学院中兽医研究所药厂等两家企业建立生产基地并批量生产；产品已在甘肃、青海、宁夏等省（区）52 个试验示范点（区）共推广应用牛共 29.77 万头（次）、羊共 57.65 万只（次）；经中国农业科学院农业经济与发展研究所测算，实现经济效益 44 728.25 万元。

3. 奶牛乳房炎联合诊断和防控新技术研究及示范

获得 2014 年度甘肃省农牧渔业丰收一等奖，主要完成人是中兽医与临床创新团队王学智研究员、李建喜研究员、杨志强研究员、王旭荣副研究员等。

该成果研发出具有自主知识产权的改良型兰州隐性乳房炎检测技术 LMT，与改良前相比准确性提高到 98%，与进口同类试剂 CMT 相比成本降低了 50%，已申报了国家专利、国家标准和新兽药注册；建立了乳房炎主要致病菌金黄色葡萄球菌、无乳链球菌、大肠杆菌的多重 PCR 检测方法，准确性分别为97.24%、96.79% 和 95.06%；从乳汁中筛选出了辅助诊断奶牛隐性乳房炎的 2 种活性蛋白酶 NAG 和 MPO；在乳汁体细胞-蛋白因子-分子遗传特性 3 个层次上集成上述技术，研发出了奶牛乳房炎联合诊断新技术，诊断准确性为 96±4%；利用多重 PCR 技术，通过牛源Ⅰa 型和Ⅱ型无乳链球菌 sip 基因遗传进化及生物学特性分析和耐药菌株的检测，筛选出与中国株亲缘关系近的Ⅰa 型优势无乳链球菌，以此为菌种结合金黄色葡萄球菌生物学特性，制备出了针对Ⅰa 型无乳链球菌和金黄色葡萄球菌的二联油佐剂疫苗，免疫 2 次后抗体持续期可达 6 个月，保护期为 4.6 个月左右；根据奶牛乳房炎发病的证型特点，研发出了 2 种防治奶牛隐性乳房炎的中药"乳宁散"和"银黄可溶性粉"，可显著降低乳汁体细胞数、细菌总数和炎症积分值，显著降低隐性乳房炎和临床乳房炎发病率。制定了适合我国规模奶牛场乳房炎管理评分方案，在奶牛场乳房炎发病监测体系中导入了 DHI 技术，以 DHI 体细胞监测值、LMT 检测积分值、乳房炎管理评分值、乳汁蛋白酶活性水平 4 个方面动态分析为依据，首次构建出了适合我国规模化奶牛场乳房炎发病的风险预警配套技术方案。

经过研究与推广，课题组建立了乳房炎"联合"诊断新技术 1 套，制定了"奶牛隐性乳房炎快速检测技术"行业标准 1 项，申报 5 项专利，发表文章 11 篇，出版专著 3 部，培养研究生 5 名，培训技术人员 600 人次，构建出我国规模化牧场奶牛乳房炎发病风险预警配套技术 1 套，研制出了 2 种防治奶牛隐性乳房炎新中药，制备出了 1 种奶牛乳房炎二联油佐剂灭活疫苗。2011—2013 年相关技术示范推广规模达 50 多万头，已获得经济效益 14 602.12 万元，未来 4 年还可能产生经济效益 32 016. 37 万元。该项成果不仅可有效降低乳房炎发病率，还能显著降低推广牧场的化学药物用量和弃奶量，改善乳品质，对公共卫生和食品安全具有重要意义，经济、社会、生态效益显著。

4. 重金属镉/铅与喹乙醇抗原合成、单克隆抗体制备及 ELISA 检测技术研究

获得 2014 年度中国农业科学院科技成果二等奖，主要完成人是中兽医与临床创新团队李建喜研究员、王学智研究员、张景艳助理研究员、王磊助理研究员等。

该成果利用小分子化合物免疫分析技术，开展了镉、铅与喹乙醇抗原合成、单克隆抗体制备及 ELISA 检测技术研究，旨在为重金属镉、铅与喹乙醇的批量筛查和快速检测提供理论支撑和技术支持。①利用丁二酸酐法，成功合成出喹乙醇半琥珀酸酯（OLA-HS），采用 IR、TLC、MS、NMR 等方法完成了相关表征分析，其分子量为 363，熔点为 192~196℃。②分别采用络合剂双位点桥接法和活泼酯化法，建立、优化重金属 Cd^{2+}、Pb^{2+} 及 OLA 全抗原的合成方法，合成出免疫、检测抗原共 7 种。并采用 AAS、UV、TNBS 等方法完成了 7 种全抗原的表征分析，其中 Cd^{2+}、Pb^{2+} 与 OLA 免疫全抗原的偶联比为 55. 8、57. 1、7. 8。③利用间接 ELISA 法考察载体蛋白、免疫方法、免疫剂量等条件对抗血清的效价及特异性的影响，确定有效免疫抗原为 KLH-IEDTA-Cd、KLH-DTPA-Pb、OLA-HS-BSA，包被抗原为 BSA-IEDTA-Cd、BSA-DTPA-Pb、OVA-HS-OLA。按 100μg/只的最佳剂量免疫 Balb/C 小鼠，分别获得抗血清效价为 128000（镉，5 免）、204800（铅，5 免）、16000 以上（喹乙醇，4 免）的试验用小鼠，并取其脾脏细胞用于细胞融合，融合率可达 95% 以上。④采用优化后的细胞融合技术，分别得到 3 株可稳定传代的阳性杂交瘤细胞株 1A1、3H12、1H9，并制备出抗镉、铅及喹乙醇腹水型单克隆抗体，其亚类分别为 IgG1、IgG1、IgG2a 型，腹水效价分别为 $2.56×10^5$ 以上、$2.56×10^5$ 以上、$1.6×10^7$；蛋白浓度为 15. 04、12. 14、3. 24（纯化后）mg/mL。⑤利用所获得的抗镉、铅及喹乙醇单克隆抗体，建立并优化间接竞争 ELISA 检测方法，并进行了应用研究，在 1.5~128.00μg/L 的浓度范围内，Cd^{2+}、Pb^{2+} 浓度与抑制率有良好的线性关系，IC50 分别为 11. 35、9. 84μg/L。与其他金属元素与抗体无明显交叉反应性；在 1~243ng/mL 的范围内，OLA 浓度与抑制率有良好的线性关系，IC50 为（9. 97±3. 50）ng/mL，与 MQCA、QCA 及其他喹噁啉类药物几乎无反应

性，通过与 HPLC、AAS 方法的比较，证明该方法结果可靠，可用于重金属镉、铅及喹乙醇的定量、半定量分析。

5. 奶牛主要产科病防治关键技术研究、集成与应用

获得 2015 年度甘肃省科技进步二等奖，主要完成人是中兽医与临床创新团队李建喜研究员、杨志强研究员、王旭荣副研究员等。

该成果：①建立了乳汁体细胞数—标志酶活性—PCR 细菌定性的奶牛乳房炎联合诊断技术，研发出首个具有国家标准的奶牛隐性乳房炎诊断技术 LMT，创制了 1 种有效防治隐性乳房炎的新型中兽药，制定了乳房炎致病菌分离鉴定国家标准，组装出以 DHI 监测、LMT 快速诊断、定量计分、细菌定期分析为主的奶牛乳房炎预警技术。②制定了奶牛子宫内膜炎的诊断判定标准，完成了我国西北区奶牛子宫内膜炎病原菌流行调查和药分析，首次从该病病牛子宫黏液中分离到致病菌鲍曼不动杆菌，发现了 2 种具有防治子宫内膜炎的植物精油，防治子宫内膜炎新型中兽药 "益蒲灌注液" 获得了国家新兽药证书。③确定了奶牛胎衣不下中兽医学诊断方法，建立了中兽药疗效评价标准，创制出 1 种有效治疗胎衣不下的新型中兽药复方 "宫衣净酊"。④利用 $CdCl_2$ 诱导技术建立了能中药的不孕症大鼠模型，完成了奶牛不孕症血液相关活性物质分析研究，首次报道了可用于奶牛不孕症风险预测及辅助诊断的 3 个标识蛋白 MMP-1、MMP-2 和 Smad-3，发现了 1 种能治疗不孕症的中兽药小复 "益丹口服液"。⑤建成了 "国家奶牛产业技术体系疾病防控技术资源共享数据库"，获国家软件著作权，分别制定了我国奶牛乳房炎、子宫内膜炎和胎衣不下综合防治技术规程。

6. 重离子束辐照诱变提高兽用药物的生物活性研究及产业化

获得 2015 年度甘肃省技术发明三等奖，主要完成人是兽用天然药物创新团队梁剑平研究员、尚若锋副研究员、刘宇助理研究员等。

该成果采用国家重大科学工程装置——兰州重高子加速器（HIRFL）产生的不同能量碳、氧高子束进行药物分子改性和菌株诱变。内容包括对一类新兽药 "喹烯酮" 进行辐照，产生一系列的喹喔啉类衍生物，并筛选出新的具有抗菌、增重等生物活性的 "喹羟酮"。通过化学合成、药理药效学和临床试验等研究，已申报为饲料料添加剂在全国范围内进行了推广应用。利用重高子加速器的碳高子束对截短侧耳素产生菌进行辐照诱变研究，筛选出的一株高产菌

株 K40-3，效价较出发菌株的效价提高了 25.3%。同时，对该菌株进行了发酵条件优化。经产业化发酵后产量较原来提高 30%左右。以截短侧耳素为原料，经过分子设计、化学合成出该类衍生物 34 个，并筛选出具有抗菌活性较好的化合物 1 个。通过本项目的研究，目前已获国家发明专利 7 项，共发表论文 51 篇，其中 16 篇被 SCI 收录。

7. 益蒲灌注液的研制与推广应用

获得 2015 年度甘肃省农牧渔业丰收一等奖，主要完成人为兽药创新与安全评价创新团队苗小楼副研究员、王瑜副研究员、尚小飞助理研究员、潘虎研究员等。

该成果研发出拥有独立自主知识产权的治疗奶牛子宫内膜炎的纯中药制剂"益蒲灌注液"。2013 年取得国家 3 类新兽药注册证书，并于 2014 年取得兽药生产批准文号，在全国大面积推广应用。"益蒲灌注液"是我国在治疗奶牛子宫内膜炎方面取得的第一个新兽药注册证书和兽药生产批准文号的的纯中药子宫灌注剂。与抗生素、激素等同类产品相比，具有疗效相等且不产生耐药性、治疗期间不弃奶、不影响食品安全和公共卫生及情期受胎率高等特点。

2012—2014 年，在甘肃、河北廊坊、青海、内蒙古等地奶牛养殖场进行"益蒲灌注液"治疗奶牛子宫内膜炎的推广应用，共收治患子宫内膜炎奶牛 2.88 万余头，治愈率达到 85%以上，总有效率达到 93%以上，隐性子宫内膜炎的治愈率为 100%，3 个情期内的受胎率达到 93%以上。同时开展奶牛子宫内膜炎综合防治措施和奶牛主要疾病防治技术的推广应用，使奶牛子宫内膜炎的发病率降低了 8.9%，奶牛乳房炎降低了 12%，奶产量明显增加，在节约饲养管理成本的同时还增加了奶牛场的收入，已经获得经济效益 11 890.56万元。

8. 甘南牦牛良种繁育及健康养殖技术集成与示范

获得 2015 年度甘肃省农牧渔业丰收二等奖，主要完成人是牦牛资源与育种创新团队梁春年研究员、郭宪副研究员、包鹏甲助理研究员、丁学智副研究员等。

该成果建立了由育种核心群、扩繁群（场）、商品生产群 3 部分组成的甘南牦牛繁育技术体系，使良种甘南牦牛制种供种效能显著提高。建立了甘南牦牛良种繁育基地 2 个，组建甘南牦牛基础母牛核心群 5 群 1 075头，种公牛 82 头，种公牛后备群 2 群 320 头，累计生产甘南牦牛良种种牛 2 600头。建立牦牛改良示范基地 4 个，示范点 20 个。大通牦牛与甘南牦牛杂交 F1 代生产性能显著提高，产肉性能提高 10% 以上，累计改良牦牛 33.55 万头。在测定牦牛生产性能的基础上，克隆鉴定牦牛产肉性状功能基因，并分析结构和功能，与生产性能进行关联分析，寻找遗传标记位点，挖掘牦牛基因资源，与传统育种技术有机结合，建立了甘南牦牛分子育种技术体系。通过遗传改良和健康养殖技术有机结合，调整畜群结构、改革放牧制度、实施营养平衡调控和供给技术，示范带动育肥牦牛 34 000 头。组装集成了牦牛适时出栏、补饲、暖棚培育、错峰出栏、牧区饲草料种植、粗饲料加工调制、驱虫防疫等技术，边研究边示范，边集成边推广，综合提高牦牛健康养殖水平，增加养殖效能。项目实施期，新增经济效益 19 870.5 万元。未来 3 年预计产生经济效益 22 400 万元。通过项目实施，培训农技人员 16 场（次）1 200 余人（次）。制定了国家标准《甘南牦牛》（报批稿）和农业行业标准《牦牛生产性能测定技术规范》（报批稿），甘肃省地方标准《甘南牦牛健康养殖技术规范》1 项。发表文章 18 篇，出版专著 2 部，培养研究生 5 名，授权发明专利 1 项，授权实用新型专利 10 项。成果对促进甘南牦牛业的发展及生产性能的提高，改善当地少数民族人们的生活水平，繁荣民族地区经济，稳定边疆具有重要现实意义，其经济、社会、生态效益显著。

9. "阿司匹林丁香酚酯"的创制及成药性研究

获 2015 年度兰州市技术发明三等奖，主要完成人是兽用化学药物创新团队的李剑勇研究员、刘希望助理研究员、杨亚军助理研究员等。

该成果首次设计合成了新的药用化合物 AEE，并优化了合成工艺。研究筛选了适用于 AEE 的药物剂型，首次制备了原料药的纳米乳制剂，建立了片剂、栓剂的制备方法。对 AEE 的药理学进行了系统研究，结果表明，AEE 较原药阿司匹林和丁香酚的稳定性好，刺激性和毒副作用小，具有持久和更强的抗炎、镇痛、解热、抗血栓及降血脂作用，是一种新型、高效的兽用化学药物候选药物。对 AEE 进行了毒理学研究，包括急性毒性、长期毒性、特殊毒理学研究，结果显示该化合物实际无毒，可长期使用。

10. 抗球虫中兽药常山碱的研制与应用

获 2015 年大北农科技奖成果奖二等奖，主要完成人是兽用天然药物创新团队郭志廷助理研究员等。

该成果研究表明，从中药常山中提取得到的常山碱具有良好的抗球虫效果和免疫增强活性。成果主要创新点包括：①市场上销售的抗球虫化学药物存在严重的耐药性和药物残留，中药复方中抗球虫有效成分常山碱含量又很低，导致市场上几乎无抗球虫药物可用；本成果应用现代中药分离技术，将中药常山中的常山碱充分提取出来，并首次将常山碱用于防控鸡球虫病，具有抗球虫疗效好、低毒低残留和不易产生耐药性等优点，可以填补目前国内外抗球虫药物的市场空白。②抗球虫化学药物均不能提高机体自身免疫力，有些甚至有很强的免疫抑制作用，严重降低药物的抗球虫效果；常山碱作为一类中药提取物，不仅可以直接杀灭球虫，还可提高机体自身抗感染的免疫力，从而大幅提高药物抗球虫效果和疫苗保护效果。目前，该成果已实现成果转让，正在和企业联合申报新兽药证书。

11. 高山美利奴羊新品种培育及应用

获 2016 年甘肃省科技进步一等奖和中国农业科学院杰出科技创新奖，主要完成人为细毛羊资源与育种创新团队杨博辉研究员、郭健副研究员、孙晓萍副研究员、牛春娥副研究员等。

该成果成功育成首例适应 2 400~4 070m 高山寒旱生态区的羊毛纤维直径 19.1~21.5μm 的美利奴羊新品种-高山美利奴羊。填补了该生态区细毛羊育种的空白，实现了澳洲美利奴羊的国产化，丰富了我国羊品种资源结构，是我国高山细毛羊培育的重大突破，也标志着甘肃省首个国家级畜禽新品种的诞生。

突破了高山美利奴羊育种关键技术。建立了开放式核心群联合育种及三级繁育推广为一体的先进育种体系；研制了精准生产性能测定设备，开发出 BLUP 遗传评估系统，育种值估计准确率达到 75%；探索了新品种适应高山寒旱生态区的重要遗传基础，建立了遗传稳定性分子评价技术；解析了毛囊形成发育分子调控机制，筛选出与羊毛细度性状关联的 SNP 标记，为分子辅助育种提供技术支撑；发明了多胎疫苗、胚胎性别鉴定和多胎基因快速检测试剂盒，建立了快速扩繁技术体系，繁殖率均提高 20%。

创建了"十统一"优质细羊毛全产业链标准化生产技术模式。创建了统一选种选配、精细管理、防疫、标识、穿衣、机械剪毛、分级整理、规格打包、储存、品牌上市流通等"十统一"全产业链标准化生产技术模式，组建了高山美利奴羊科技培训与推广体系，羊毛价格屡创国毛历史新高，最高价格 58.00 元/kg，超过同期同类型澳毛价格，成为国毛价格的风向标。

新品种为推动细毛羊产业水平提升提供了优秀种质资源。育种关键技术创新为推动生态差异化先进羊新品种培育和实现澳洲美利奴羊国产化提供了重要理论基础、技术支撑和成功范例。"十统一"优质细羊毛全产业链标准化生产技术模式为推动羊业乃至畜牧业全产业链建设提供了成功借鉴。累计培育种羊 81 457 只，推广种公羊 8 118 只，改良细毛羊 173.54 万只；新增产值 30 522.50 万元，新增利润 7 630.62 万元；单位规模新增纯收益 4.01 万元/只，科研投资年均纯收益率达到 14.87 元/只。

12. "益蒲灌注液"的研制与推广应用

获 2016 年甘肃省科技进步三等奖，主要完成人为兽药创新与安全评价创新团队苗小楼副研究员、尚小飞助理研究员、王瑜副研究员、潘虎研究员等。

该成果依据传统中兽医理论，结合现代中药药理与临床研究资料及传统用药经验，确定处方组成、用法用量和剂型；进行该药急性毒性、最大耐受量、长期毒性、常见致病菌体外抑菌、抗炎、局部刺激性等药理试验及人工致兔子宫内膜炎模型治疗试验；考察光、温度、湿度对该制剂的影响及加速稳定性和长期稳定性试验；采用 TLC 鉴别处方中的药材、HPLC 测定益母草有效成分等方法制订了质量标准；应用正交试验研究生产工艺参数和优化生产工艺，中试结果表明参数合理、工艺简便。临床验证和扩大应用试验证明，"益蒲灌注液"对奶牛子宫内膜炎有很好的疗效，治愈率可达 85%，3 个情期受胎率高于同类治疗药物。应用"益蒲灌注液"治疗奶牛子宫内膜炎，没有休药期，鲜奶中无残留。应用子宫灌注治疗奶牛子宫内膜炎，改变了传统中兽药的用药方式，丰富了中兽药的治疗技术。

"益蒲灌注液"于 2013 年取得新兽药注册证书（2013 新兽药证字 28 号）。项目执行期间取得 1 项发明专利（ZL201110058750.0）。2013—2015 年在甘肃、河北、青海、内蒙古等地奶牛养殖场进行"益蒲灌注液"治疗奶牛子宫内膜炎的推广应用，共收治患子宫内膜炎奶牛 3.39 万头，治愈 2.88 万余头，治愈率达到 85%，总有效率达到 93% 以上，隐性子宫内膜炎的治愈率为 100%，3 个情期内的受胎率达到 93% 以上。同时开展奶牛子宫内膜炎综合防治措施和奶牛主要疾病防治技术的推广应用，使奶牛子宫内膜炎的发病率降低了 8.9%，奶牛乳房炎降低了 12%，奶产量明显增加，在节约饲养管理成本的同时还增加了奶牛场的收入，已获得经济效益 21 838.61 万元，经济效益明显。2014 年益蒲灌注液新兽药注册证书转让兽药生产企业，同年取得兽药生产批准文号［兽药字（2014）030015276］，2015 年生产企业新增销售额 720.12 万元，新增利税 309.65 万元。现已在全国大面积推广应用。

13. 甘南牦牛选育改良及高效牧养技术集成示范

获 2014—2016 年全国农牧渔业丰收奖二等奖，主要完成人为牦牛资源与育种创新团队阎萍研究员、梁春年研究员、郭宪副研究员、丁学智副研究员等。

该成果建立了由育种核心群、扩繁群、商品生产群 3 部分组成的甘南牦牛繁育技术体系，使良种甘南牦牛制种供种效能显著提高。建立良种繁育基地 2 个，组建基础母牛核心群 5 群 1 075 头，生产良种种牛 3 500 头。建立牦牛改良示范基地 4 个，改良牦牛 44.09 万头，生产性能显著提高，产肉性能提高 5%以上。通过遗传改良和高效牧养技术有机结合，实施营养平衡调控，示范带动育肥牦牛 5.24 万头。

组装集成了牦牛适时出栏、补饲、暖棚培育、错峰出栏、牧区饲草料种植、粗饲料加工调制、驱虫防疫等技术，边研究边示范，边集成边推广，培训农技人员和牧民带头人 3 800 余人，综合提高牦牛牧养水平，增加生产效能，新增经济效益 26 891.67 万元。制定农业行业标准 2 项，甘肃省地方标准 1 项，出版专著 2 部，授权发明专利 3 项，授权实用新型专利 22 项。成果对促进甘南牦牛业的发展及生产性能的提高，改善当地少数民族人们的生活水平，繁荣民族地区经济，稳定边疆具有重要现实意义，其经济、社会、生态效益显著。

14. 青藏地区奶牛专用营养舔砖及其制备方法

获 2016 年甘肃省专利奖二等奖。主要完成人为奶牛疾病创新团队刘永明研究员、王胜义副研究员、潘虎研究员等。

该发明在详细检测青藏高原地区土壤、水、饲草料和奶牛血液中微量元素含量变化的基础上，依据该地区土壤、水、饲草料中微量元素含量值，确定了添加元素的基础值，经奶牛饲喂试验不断调整配方和元素比例，规范技术要求，制定质量标准，研制出针对青藏地区奶牛专用的微量元素营养舔砖。奶牛通过舔食舔砖中的硒、铜、锰、锌、碘、钴等补充机体所需要的微量元素，更好地调节体内的矿物元素含量比，实现体内各微量元素平衡，既避免了多余元素的添加，又可防止因盲目过量添加造成对环境的污染。本技术基本缓解了该地区奶牛机体微量元素极度缺乏的状况，有效地预防和降低因微量元素缺乏引起的相关疾病的发生率，提高奶牛生产性能和抵抗疾病的能力。

该专利技术自 2010 年研发以来，立足于生产和应用，将研究−生产−推广于一体，形成配比科学、程序简便的生产规程和合理可行的生产工艺，建立产品生产车间及生产线，于 2012 年 3 月通过农业部组织的专家验收，并取得农业部添加剂预混合饲料生产许可证［饲预（2012）6528 号］；制定了奶牛微量元素舔砖企业标准，规范了技术内容，于 2012 年 4 月取得甘肃省饲料工业办公室添加剂预混合饲料产品批准文号［甘饲办（2012）4 号］，进入全面中试生产；2015 年 4 月，本专利相继专利许可张掖市迪高维尔生物科技有限公司、武威红牛农牧科技有限公司和中国农业科学院中兽医研究所药厂（兰州）3 家企业。现两家企业已批量生产，产品已投放市场和应用；一家企业进入设备采购和厂房建设阶段。

目前，项目组和两家转化企业已生产舔砖 459 570kg，在 9 省区 26 个奶牛场应用奶牛 76 370 头（按 90 天/周期计）。本专利技术已产生显著的效果。

15. 黄白双花口服液和苍朴口服液的研制与产业化

获 2016 年兰州市科技进步一等奖，主要完成人为奶牛疾病创新团队王胜义副研究员、王慧助理研究员、崔东安助理研究员等。

该成果依据中兽医辩证施治理论和中药现代研究新成果，通过药效学、药理毒理学、药物分析学和临床治疗学等试验，针对犊牛湿热型、虚寒型腹泻，科学组方，并采用现代生产工艺技术、选择最佳生产工艺参数替代传统生产工艺，研制出新兽药"黄白双花口服液"，使湿热型腹泻治愈率达 85.00%，有效率为 96.00%；研制出新兽药"苍朴口服液"，使虚寒型腹泻治愈率达 84.06%，有效率为 93.24%。是目前兽医临床上具有高效、低毒、低残留、低耐药性、适应性广、质量可控性强的现代纯中药制剂。已取得国家三类新兽药证书 2 个；申报发明专利 2 项，其中授权 1 项；发表论文 13 篇。

"黄白双花口服液"和"苍朴口服液"均已实现成果转让，黄白双花口服液转让河南百瑞药业公司，苍朴口服液转让成都中牧生物药业有限公司，两公司分别已建立生产线并投入批量生产。截至 2015 年年底，中国农业科学院兰州畜牧与兽药研究所共推广应用 17.533 万头（次）犊牛。经中国农业科学院农业经济与发展研究所测算，实现经济效益 26 671.24 万元。在未来继续推广的 5 年时间里还将累计为社会带来至少 30 000 万元的经济效益，在经济效益计算年限内合计产生经济效益 56 671.24 万元。

16. 优质肉用绵羊提质增效关键技术研究与示范

获 2016 年甘肃省农牧渔业丰收一等奖，主要完成人为细毛羊资源与育种创新团队孙晓萍副研究员、岳耀敬副研究员、刘建斌副研究员、郭健副研究员等。

该成果通过母羊发情调控技术、高频繁殖技术、非繁殖季节发情产羔技术和繁殖免疫多胎等技术的联合应用，实现了母羊全年均衡繁殖，两年三产的繁殖目标，年产羔率达 180% 以上；建立了优质种公羊人工授精技术配种站，在该成果核心区及其周边地区大力开展人工授精、鲜精大倍稀释试验与示范，推广了优质种公羊高效生产配置技术的联合应用；推广示范绵羊双胎免疫苗 4.30 万头份，平均提高双羔率 20% 以上，年产羔率提高 37.50% 以上。研发的绵山羊甾体激素抗原双胎苗生产工艺获国家发明专利 （ZL 2013102070343）。

以引进优质肉羊品种无角陶赛特羊和波德代羊为父本，以滩羊和小尾寒羊为母本，在白银地区为主的农区系统开展了二元、三元经济杂交组合试验，3 月龄羔羊体重可达 27.85kg，比当地同龄羊体重提高了 32.96%，筛选出了适应本地区的优质肉用绵羊提质增效最佳杂交组合，并经过横交固定，培育出了甘肃肉用绵羊多胎品系，新品系聚合了小尾寒羊多胎、滩羊耐粗饲肉品质好、无角陶赛特羊和波德代羊生长发育快和饲料报酬高等目标性状，其培育方法获国家发明专利 （ZL2013103355186）。

集成了肉用绵羊及其杂交后代增重中草药饲料添加剂研制技术、高效饲养管理技术、现代医药保健和疫病、寄生虫防治技术、营养均衡供应技术等，制定了标准规模化生产技术规范和操作规程 7 套，形成了旨在完善、规范、普及和提升肉用绵羊提质增效关键技术水平的科学健康养殖模式。

研发并推广应用了适宜该地区的半舍饲、舍饲条件下的优化日粮配方 6 个，不同生产阶段肥育用颗粒饲料配方 4 个；举办农民实用繁殖与饲养技术培训班，培训基层技术人员和养殖户 1 000 余人次，发放技术资料 5 000 余份。

截至 2015 年年底，该成果已累计改良地方绵羊 58.70 万只，出栏肉羊 44.41 万只，出售种羊鲜精 900mL，推广课题组自主研制的绵羊双羔素 4.30 万头份，实现新增产值 25 414.08 万元，新增纯收益 3 057.61 万元；授权国家发明专利 2 项，实用新型专利 11 项，发表论文 17 篇。

17. 牦牛良种繁育及高效生产关键技术集成与应用

获 2016—2017 年度神农中华农业科技奖科研成果一等奖。主要完成人为牦牛资源与育种创新团队阎萍研究员、郭宪副研究员、梁春年研究员、丁学智副研究员等。

该成果创建了牦牛分级繁育技术体系，包括大通牦牛四级繁育技术体系和甘南牦牛三级繁育技术体系。优化了牦牛高效繁殖技术体系，建立和完善了牦牛胚胎体外生产和精子体外处理技术体系；基于 2-DE 和 iTRAQ 技术揭示了牦牛季节性繁殖规律，优化了牦牛高效繁殖技术体系，实现了牦牛一年一产。构建的牦牛分子育种技术体系，完成了大通牦牛、甘南牦牛、无角牦牛、青海高原牦牛线粒体基因组测序工作，成功研发 ACTB、GAPDH 基因检测试剂盒，制定了牦牛繁育方案。实现了牦牛高效生产关键技术综合配套，集成了牦牛适时出栏、放牧补饲、暖棚养殖等高效牧养技术。

该成果科技含量和技术成熟度相对较高，在同类研究中达到了国际先进水平。成果在甘肃省、青海省青藏高原高寒牧区广泛推广应用，年改良牦牛 50 万头以上。大通牦牛、甘南牦牛制种供种能力显著提升，改良牦牛生产性能明显提高，2014—2015 年取得经济效益 3.17 亿元，对牧民增收、牧业增产、高寒牧区可持续发展具有重要的现实意义，其经济、社会、生态效益显著。

18. 牦牛藏羊良种繁育及健康养殖关键技术集成与应用

获 2017 年度甘肃省科技进步二等奖。主要完成人为牦牛资源与育种创新团队阎萍研究员、郭宪副研究员、丁学智副研究员、包鹏甲助理研究员等。

成果创建了甘南牦牛藏羊分级繁育技术体系，建立了开放式核心群、联合选育及分级繁育推广为一体的甘南牦牛、藏羊繁育技术体系。建立甘南牦牛良种繁育基地 2 个、改良示范基地 1 个。组建基础母牛选育核心群 5 群 1 075 头，基础群 18 群 4 300 头，年供种能力 600 头以上。建立欧拉羊良种繁育基地 3 个、改良示范基地 3 个，组建核心群 7 群 5 500 只、基础群 6 200 只，年选育良种欧拉羊 2 500 只以上。创建了牦牛藏羊高效繁殖技术体系通过控制配种、产犊（羔）和断奶 3 个生产关键环节，并实施营养调控与补饲措施，建立了牦牛一年一产和藏羊两年三产技术。牦牛一年一产比两年一产或三年两产体系生产效率增加 30%～40%，藏羊两年三产比一年一产体系生产效率增加 35%～40%。

利用基因组学及分子标记辅助选择技术，成功筛选出牦牛卵泡发育标志性蛋白质 2 个，完成了甘南牦牛（KJ704989）、欧拉羊（KU575248）和盘羊（KX609626）的线粒体全基因组测序，同时对牦牛繁殖性状、肉质性状和低氧适应性等相关的 16 个候选基因进行克隆与鉴定，成功开发 ACTB、GAPDH 基因表达量检测试剂盒。制定农业行业标准 1 项；制（修）定甘肃省地方标准 2 项；授权发明专利 6 项、实用新型专利 46 项；主编著作 1 部；发表论文 43 篇，其中 SCI 收录 8 篇。

牦牛藏羊健康养殖关键技术集成与应用调整畜群结构、改革放牧制度，实施营养平衡调控和供给技术，组装集成了牦牛藏羊适时出栏、有效补饲、暖棚培育、错峰出栏等健康养殖关键技术，综合提高牦牛藏羊健康养殖水平，增加养殖效能。技术在甘肃高寒牧区广泛推广应用，不仅提高了牦牛、藏羊生产性能，而且提升了试验示范区及辐射区草原生态、草牧业生产及牧民生活水平。3 年累计推广种牦牛 2 410 头、等级种羊 3 047 只，改良牦牛 87 万头、藏羊 73 万只，单位规模新增纯收益分别为 27.17 万元/头和 4.42 万元/只，获经济效益 8 亿元。成果对高寒牧区牧业增效、牧民增收和畜牧业可持续发展具有重要的现实意义。

19. 一种固态发酵蛋白饲料的制备方法

获 2017 年度甘肃省专利奖二等奖。主要完成人为寒生、旱生灌草新品种选育创新团队王晓力副研究员、王春梅助理研究员、朱新强助理研究员、张茜助理研究员等。

该专利选取啤酒糟作为发酵饲料的底物之一，有效弥补了豆渣和苹果渣本身黏性较大，溶氧差，改善产阮假丝酵母和黑曲霉生长环境；能够水解产生木糖醇等活性因子，促进动物肠道菌群，有益于动物健康成长；维持 pH 环境，保证植物乳酸杆菌的生长，改善发酵饲料品质，提高动物的适口性。规定了各组分配比、菌剂配比、发酵工艺条件，并结合瘘管羊体内评价了该发酵饲料的饲用品质，为该饲料的产品推广应用提供了理论依据和现实基础。具有新颖性和创造性。

该技术专利已授权许可省内 3 家企业生产，并在上述地区奶牛场进行推广应用，已取得显著经济效益。该专利成果配方和加工工艺的实现，使得企业有了自主知识产权产品，不仅促进了当地啤酒糟、豆渣和苹果渣的高附加值利用，减少了随便排放，环境污染；而且给企业创造了利税产品，节约了精饲料的使用，降低了饲喂成本，生产的牛肉经分析检测复合绿色畜产品标准。实现畜牧业可持续发展具有重大的社会意义。

第三节　发表论文

序号	论文名称	主要作者	刊物名称	年	卷	期
1	Levels of Cu, Mn, Fe and Zn in Cow Serum and Cow Milk: Relationship with Trace Elements Contents and Chemical Composition in Milk.	王慧	Acta Scientiae Veterinariae	2014	42	
2	Synthesis and Biological Activities of Novel Pleuromutilin Derivatives with a Substituted Thiadiazole Moiety as Potent Drug-Resistant Bacteria Inhibitors. J.	高若輝	J. Med. Chem	2014	57	
3	A Monoclonal Antibody-Based Indirect Competitive Enzyme-Linked Immunosorbent Assay for the Determination of Olaquindox in Animal Feed	王磊 李建喜	Analytical Letters	2014	47	
4	Acaricidal activity of usnic acid and sodium usnic acid against Psoroptes cuniculi in vitro	尚小飞	Parasitol Res	2014	113	6
5	Analysis of geographic and pairwise distances among sheep populations	刘建斌	Genetics and Mclecular Research	2014	13	2
6	Assessment of the Anti-diarrhea Function of Compound Chinese Herbal Medicine Cangpo Oral Liquid	夏鑫超	Afr J Tradit Complement Altern Med	2014	11	1
7	Carcass and meat quality characteristics of Oula lambs in China	刘建斌	Small Ruminant Research	2014		10
8	Characterization of a Functionally Active Recombinant 1-deoxy-D-xylulose-5-phosphate synthase from Babesia bovis	王婧 张继瑜	The Journal of Veterinary Medical Science	2014	40	4
9	Characterization of the complete mitochondrial genome sequence of Gannan yak (Bos grunniens)	吴晓云	Mitochondrial DNA	2014		7

(续表)

序号	论文名称	主要作者	刊物名称	年	卷	期
10	Determination and pharmacokinetic studies of arecoline in dog plasma by liquid chromatography - tandem mass spectrometry.	李冰	Journal of Chromatography B,	2014	969	20
11	Efficacy of herbal tincture as treatment option for retained placenta in dairy cows	崔东安	Animal Reproduction Science	2014	145	
12	Evaluation of Bioaccumulation and Toxic Effects of Copper on Hepatocellular Structure in Mice.	王学智	Biol Trace Elem Res	2014	159	
13	High Incidence of Oxacillin-Susceptible mecA-Positive Staphylococcus aureus (OS-MRSA) Associated with Bovine Mastitis in China	蒲万霞	PLOS ONE	2014	9	2
14	Identification of Differentially Expressed Genes in Yak Preimplantation Embryos Derived from in vitro Fertilization	郭宪	Journal of Animal and Veterinary Advances	2014	13	4
15	In vitro and In vivo metabolism of aspirin eugenol ester in dog by liquid chromatography tandem mass spectrometry.	沈友明 李剑勇	Biomedicinal Chromotography,	2014		
16	Leonurus japonicus Houtt.: Ethnopharmacology, phytochemistry and pharmacology of an important traditional Chinese medicine	尚小飞	Journal of Ethnopharmacology	2014		152
17	Limitation of high-resolution melting curve analysis for genotyping simple sequence repeats in sheep	杨敏 杨博辉	Genetic and Molecular Research	2014	13	2
18	Mooecular characterization of tow candidate genes associated with coat color in Tibetan sheep (Ovis arise)	韩吉龙 杨博辉	Journal of Integrative Agriculture	2014		
19	Physiological insight into the high-altitude adaptations in domesticated yaks (*Bos grunniens*) along the Qinghai-Tibetan Plateau altitudinal gradient	丁学智	Livestock Science	2014	162	3

（续表）

序号	论文名称	主要作者	刊物名称	年	卷	期
20	Synthesis and Biological Evaluation of New Pleuromutilin Derivatives as Antibacterial Agents	尚若锋	Molecules	2014		19
21	Synthesis and In Vitro Anticancer Activity of Novel 2-((3-thioureido) carbonyl) phenyl Acetate Derivatives	熊琳	Letters in Drug Design & Discovery	2014	11	10
22	Synthesis, Antibacterial Evaluation and Molecular Docking Study of Nitazoxanide Analogues	刘希望	Asian J. Chem.	2014	26	10
23	The administration of Sheng Hua Tang immediately after delivery to reduce the incidence of retained placenta in Holstein dairy cows	崔东安	Theriogenology	2014	81	
24	The complete mitochondrial genome sequence of the Datong yak (Bos grunniens)	吴晓云 阎萍	Mitochondrial DNA	2014		
25	The complete sequence of mitochondrial genome of polled yak	褚敏 阎萍	Mitochondrial DNA	2014		10
26	The low expression of Dmrt7 is associated with spermatogenic arrest in cattle-yak	阎萍	Molecular biology reports	2014		7
27	The oxidative status and inflammary level of the peripheral blood of rabbits infested with Psoroptes cuniculi	尚小飞	Parasites & Vectors	2014		7
28	The totalalkaloidsof Aconitum tanguticum protectagainst lipopolysaccharide-inducedacute	吴国泰 梁剑平	Journal of Ethnopharmacology	2014		
29	A Method for Multiple Identification of Four β2-Agonists in Goat Muscle and Beef Muscle Meats Using LC-MS/MS Based on Deproteinization by Adjusting pH and SPE for Sample Cleanup	熊琳	Food Science and Biotechnology	2015	24	5
30	A New Pleuromutilin Derivative: Synthesis, Crystal Structure and Antibacterial Evaluation	衣云鹏 尚若锋	Chinese J. Struct. Chem.	2015	34	9

（续表）

序号	论文名称	主要作者	刊物名称	年	卷	期
31	Analgesic and anti－inflammatory effects of hydroalcoholic extract isolated from semen vaccariae	王磊	Pakistan Journal of Pharmaceutical Sciences	2015	28	3（sup）
32	Analysis of agouti signaling protein（ASIP）gene polymorphisms and association with coat color in Tibetan sheep（Ovis aries）	韩吉龙 杨博辉	Genetics and Molecular Research	2015	14	1
33	Antinociceptive and anti-tussive activities of the ethanol extract of the flowers of Meconopsis punicea Maxim. BMC Complementary and Alternative Medicine	尚小飞	BMC Complementary and Alternative Medicine	2015	14	15
34	Application of Orthogonal Design to Optimize Extraction of Polysaccharide from Cynomorium songaricum Rupr（Cynomoriaceae）	王晓力	Tropical Journal of Pharmaceutical Research	2015	14	7
35	Association between single-nucleotide polymorphisms of fatty acid synthase gene and meat quality traits in Datong Yak（Bos grunniens）	褚敏 阎萍	Genetics and Molecular Research	2015	14	1
36	Belamcanda Chinensis（L.）DC: Ethnopharmacology, Phytochemistry and Pharmacology of an Important Traditional Chinese Medicine	辛蕊华	African Journal of Traditional, Complementary and Alternative medicines	2015	12	6
37	Comparative proteomics analysis provide novel insight into laminitis in Chinese Holstein cows	董书伟	BMC Veterinary Research	2015	161	11
38	De novo assembly and characterization of skin transcriptome using RNAseq in sheep（Ovis aries）	岳耀敬 杨博辉	Genetics and Molecular Research	2015	14	1
39	Determination and pharmacokinetic studies of aretsunate and its metabolite in sheep plasma liquid chromatography－tandem mass spectrometry	李冰 张继瑜	Journal of ChromatographyB	2015	997	

（续表）

序号	论文名称	主要作者	刊物名称	年	卷	期
40	Differentially expressed genes of LPS febrile symptom in rabbits and that treated with Bai-Hu-Tang, a classical anti-febrile Chinese herb formula	张世栋	Journal of Ethnopharmacology	2015	169	1
41	Effects of Long-Term Mineral Bloch Supplement	王慧	Biological Trace Element Research	2015		
42	Efficacy of an Herbal Granule as Treatment Option for Neonatal Tibetan Lamb Diarrhea under field conditions	李胜坤 崔东安	Livestock Science	2015	172	
43	Evaluation of analgesic and anti-inflammatory activities of compound herbs Puxing Yinyang San	王磊	African Journal of Traditional, Complementary and Alternative medicines	2015	12	4
44	Evaluation of Arecoline Hydrobromide Toxicity after a 14-Day Repeated Oral Administration in Wistar Rats	魏晓娟 张继瑜	PLOS ONE	2015	10	4
45	Exploring Differentially Expressed Genes and Natural Antisense Transcripts in Sheep (Ovis aries) Skin with Different Wool Fiber Diameters by Digital Gene Expression Profiling	岳耀敬	PLOS ONE	2015	10	6
46	Hematologic, Serum Biochemical Parameters, Fatty Acid and Amino Acid of Longissimus Dorsi Muscles in Meat Quality of Tibetan Sheep	王慧	Acta Scientiae Veterinariae	2015	43	1
47	High gene flows promote close genetic relationship among fine-wool sheep populations (Ovis aries) in China	韩吉龙 杨博辉	journal of integrative agriculture	2015		
48	In Vivo Efficacy and Toxicity Studies of a Novel AntibacterialAgent: 14-O-[(2-Amino-1, 3, 4-thiadiazol-5-yl) Thioacetyl] Mutilin	张超 梁剑平	Molecules	2015	20	

（续表）

序号	论文名称	主要作者	刊物名称	年	卷	期
49	iTRAQ-based quantatative proteomic analysis of ute-quantatative proteomic analysis of uterus tissue and plasma from dairy cow with endometritis	张世栋	Japanese Journal of Veterinary Research	2015	63	
50	Novel SNP of $EPAS1$ gene associated with higher hemoglobin concentration revealed the hypoxia adaptation of yak ($Bos\ grunniens$)	吴晓云 蔺淋	Journal of Integrative Agriculture	2015	14	4
51	Optimization Extracting Technology of Cynomorium songaricum Rupr. Saponins byUltrasonic and Determination of Saponins Content in Samples with Different Source	王晓力	Advance Journal of Food Science and Technology	2015	3	9
52	Optimization of Ultrasound-Assisted Extraction of Tannin from Cynomorium songaricum	王晓力	Advance Journal of Food Science and Technology	2015	3	9
53	Poly (lactic acid) /palygorskite nanocomposites: Enhanced the physical and thermal properties	刘宇	Polymer Composites	2015		
54	Prevalence of blaZ gene and other virulence genes in penicillin-resistant Staphylococcus aureus isolated from bovine mastitis cases in Gansu, China	杨峰	Turkish Journal of Veterinary and Animal Sciences	2015		39
55	Preventive Effect of Aspirin Eugenol Ester on Thrombosis in κ-Carrageenan-Induced Rat Tail Thrombosis Model	马宁 李剑勇	PLOS ONE	2015	10	7
56	Prophylactic strategy with herbal remedy to reduce puerperal metritis risk in dairy cows A randomized clinical trial	崔东安	Livestock Science	2015	181	
57	Regulation effect of Aspirin Eugenol Ester on blood lipids in Wistar rats with hyperlipidemia	ISAM 杨亚军	BMC Veterinary Research	2015	20	11
58	Review of Platensimycin and Platencin: Inhibitors of β-Ketoacyl-acyl Carrier Protein (ACP) Synthase III (FabH)	尚若锋	Molecules	2015	20	20

（续表）

序号	论文名称	主要作者	刊物名称	年	卷	期
59	Simple and sensitive monitoring of β2-agonist residues in meat by liquid chromatography - tandem mass spectrometry using a QuEChERS with preconcentration as the sample treatment.	熊琳	Meat science	2015	105	
60	Study on extraction and antioxidant activity of Flavonoids from cynomorium songaricum r u p r.	王晓力	Oxidation Communications	2015	38	2A
61	Study on matrix metalloproteinase 1 and 2 gene expression and NO in dairy cows with ovarian cysts	Ali 李建喜	Animal Reproduction Science	2015		152
62	Study on the extraction and oxidation of Bioactive peptide from the sphauercerpus grailis	王晓力	Oxidation Communications	2015	28	2A
63	Synthesis and evaluation of novel pleuromutilin derivatives with a substituted pyrimidine moiety	衣云鹏 尚若锋	European Journal of Medicinal Chemistry	2015	101	
64	The complete mitochondrial genome of Hequ horse	郭宪	Mitochondrial DNA	2015	Oct 17, 2015 Online	
65	The complete mitochondrial genome of the Qinghai Plateau yak Bos grunniens (Cetartiodactyla: Bovidae)	郭宪	Mitochondrial DNA	2015	Oct 17, 2015 Online	
66	The complete mitochondrial genome sequence of the dwarf blue sheep, Pseudois schaeferi haltenorth in China	刘建斌	Mitochondrial DNA	2015		
67	The complete mitochondrial genome sequence of the wild Huoba Tibetan sheep of the Qinghai - Tibetan Plateau in China	刘建斌	Mitochondrial DNA	2015		
68	The effect of chinese veterinary medicine preparation ChanFuKang on the endothelin and nitric oxide of postpartum dairy cows with qi-deficiency and blood stasis	严作廷	Japanese Journal of Veterinary Research	2015	63	
69	The two dimensional electrophoresis and mass spectrometric analysis of differential proteome in yak follicular fluid	郭宪	Journal of Animal and Veterinary Advances	2015	14	3

（续表）

序号	论文名称	主要作者	刊物名称	年	卷	期
70	The complete mitochondrial genome of Hequ Tibetan Mastiff Canis lupus familiaris (CarnivoraCanidae)	郭宪	Mitochondrial DNA	2015	DOI: 10.3109/ 1940 1736. 2015. 1106490	
71	Evaluation of Crossbreeding of Australian Superfine Merinos with Gansu Alpine Finewool Sheep to Improve Wool Characteristics	郭健	PLOS ONE	2016		11
72	Evaluation on antithrombotic effect of aspirin eugenol ester from the view of platelet aggregation, hemorheology, TXB2/6 – keto – PGF1α and blood biochemistry in rat model	马宁 李剑勇	BMC Veterinary Research	2016		12
73	Simultaneous determination of diaveridine, trimethoprim and ormetoprim in feed using high performance liquid chromatography tandem mass spectrometry	杨亚军	Food Chemistry	2016		212
74	The complete mitochondrial genome of Chakouyi horse (Equus caballus)	郭宪	Conservation Genet Resour	2016		
75	Comparative Proteomic Analysis Shows an Elevation of Mdh1 Associated with Hepatotoxicity Induced by Copper Nanoparticle in Rats	董书伟	Journal of Integrative Agriculture	2014	13	5
76	Comparative Proteomic Analysis of Yak Follicular Fluid During Estrus	郭宪	Asian Australas. J. Anim. Sci.	2015	DOI: http: // dx. doi. org/ 10. 5713/ajas. 15. 0724.	
77	PPARα signal pathway gene expression is associated with fatty acid content in yak and cattle longissimus dorsi muscle	秦文 阎萍	Genetics and molecular research	2015	14	4

（续表）

序号	论文名称	主要作者	刊物名称	年	卷	期
78	Acaricidal activity of oregano oil and its major component, carvacrol, thymol and p–cymene against Psoroptes cuniculi in vitro and in vivo	尚小飞	Veterinary Parasitology	2016	226	
79	Association of genetic variations in the ACLY gene with growth traits in Chinese beef cattle	李明娜 闫萍	Genetics and molecular research	2016	15	2
80	Characterization of the complete mitochondrial genome sequence of wild yak (Bos mutus)	梁春年	MITOCHONDR DNA	2016		
81	Crystal structure of 14–（（1–（benzyloxycarbonylamino）–2–methylpropan–2–yl）sulfanyl）acetate Mutilin, C34H49NO6S	尚若锋	Z. Kristallogr. NCS	2016	231	2
82	Determination of antibacterial agent tilmicosin in pig plasma by LC/MS/MS and its application to pharmacokinetics	李冰	Biomedical chromatography	2016		
83	Effects of biotic and abiotic factors on soil organic carbon in semi–arid grassland	田福平	Journal of Soil Science and Plant Nutrition	2016	16（4）	
84	Effects of Hypericum perforatum extract on the endocrine immunenetwork factors in the immunosuppressed Wistar rat	郝宝成	Indian Journal Of Animal Research	2016		
85	Evaluation of the acute and subchronic toxicity of Aster tataricus L. f	彭文静 辛蕊华	Afr J Tradit Complement Altern Med.	2016	13	6
86	Evaluation of the acute and subchronic toxicity of Ziwan Baibu Tang	辛蕊华	AFR J TRADIT COMPLEM	2016	13	3
87	Flavonoids and Phenolics from the Flowers of Limonium aureum	刘宇	Chemistry of Natural Compounds	2016	52	1

（续表）

序号	论文名称	主要作者	刊物名称	年	卷	期
88	Genetic characterization of antimicrobial resistance in Staphylococcus aureus isolated from bovine mastitis cases in northwest China	杨峰	Journal of Integrative Agriculture	2016	15	0
89	Genetic Diversity and Phylogenetic Evolution of Tibetan Sheep Based on mtDNA D-loop Sequences	刘建斌	PLOS ONE	2016		
90	Genome-wide Association Study Identifies Loci for the Polled Phenotype in Yak	梁春年	PLOS ONE	2016		
91	Influences of season, parity, lactation, udder area, milk yield, and clinical symptoms on intramammary infection in dairy cows	张哲 李宏胜	Journal of Dairy Science	2016	99	8
92	Integrated Analysis of the Roles of Long Noncoding RNA and Coding RNA Expression in Sheep (Ovis aries) Skin during Initiation of Secondary Hair Follicle	岳耀敬	PLOS ONE	2016		
93	Lowering effects of aspirin eugenol ester on blood lipids in rats with high fat diet	ISAM 李剑勇	Lipids in Health and Disease	2016	15	1
94	Microwave-assisted extraction of three bioactive alkaloids from Peganum harmala L. and their acaricidal activity against Psoroptes cuniculi in vitro	尚小飞	Journal of Ethnopharmacology	2016	192	
95	Molecular characterization and phylogenetic analysis of porcine epidemic diarrhea virus samples obtained from farms in Gansu, China	黄美洲 刘永明	Genetics and Molecular Research	2016	15	
96	Multi-Residue Method for the Screening of Benzimidazole and Metabolite Residues in the Muscle and Liver of Sheep and Cattle Using HPLC/PDAD with DVB-NVP-SO3Na for Sample Treatment.	熊琳	Chromatographia	2016	79	19

（续表）

序号	论文名称	主要作者	刊物名称	年	卷	期
97	Quantitative structure activity relationship (QSAR) studies on nitazoxanide-based analogues against Clostridium difficile In vitro.	张晗 李剑勇	Pak J Pharm Sci	2016	29	5
98	Short communication: N-Acetylcysteine-mediated modulation of antibiotic susceptibility of bovine mastitis pathogens	杨峰	Journal of Dairy Science	2016	99	6
99	Syntheses, Crystal Structures and Antibacterial Evaluation of Two New Pleuromutilin Derivatives	尚若锋	CHINESE J STRUC CHEM	2016	35	4
100	Synthesis and Pharmacological Evaluation of Novel Pleuromutilin Derivatives with Substituted Benzimidazole Moieties	艾鑫 尚若锋	molecules	2016	21	
101	The complete mitochondrial genome of Ovis ammon darwini (Artiodactyla: Bovidae).	郭宪	Conservation Genet Resour	2016	Doi: 10.1007/s12686-016-0620-1	
102	The coordinated regulation of Na$^+$ and K$^+$ in Hordeum brevisubulatumresponding to time of salt stress	王春梅	Plant Science	2016	252	252
103	The role of porcine reproductive and respiratory syndrome virus as a risk factor in the outbreak of porcine epidemic diarrhea in immunized swine herds	黄美洲 王慧	Turkish Journal of Veterinary and Animal Sciences	2016	40	
104	Treatment of the retained placenta in dairy cows: Comparison of a systematic antibiosis with an oral administered herbal powder based on traditional Chinese veterinary medicine	崔东安	Livestock Science	2016		
105	Acaricidal activities of the essential oil from Rhododendron nivale Hook. f. and its main compund, -cadinene against Psoroptes cuniculi	郭肖 张继瑜	Veterinary Parasitology	2017	236	

（续表）

序号	论文名称	主要作者	刊物名称	年	卷	期
106	Clinical trial of treatments for papillomatous digital dermatitis in dairy cows	董书伟 严作廷	Transylvanian Review	2017	24 (13)	
107	Efficacy and safety of ban huang oral liquid for treating bovine respiratory diseases	李冰	Afr J Tradit Complement Altern Med	2017	14 (2)	
108	Palmatine inhibits TRIF-dependent NF-kB pathway against inflammation induced by LPS in goat endometrial epithelial cells	闫宝琪 张世栋	International Immunopharmacology	2017	45	
109	Penicillin-resistant characterization of Staphylococcus aureus isolated from bovine mastitis in Gansu, China	杨峰	Journal of Integrative Agriculture	2017	16 (2)	
110	Synthesis and antibacterial activities of novel pleuromutilin derivatives with a substituted pyrimidine moiety	衣云鹏 尚若锋	European Journal of Medicinal Chemistry	2017	126	
111	Ultrasound-assisted extraction of polysaccharides from Rhododendron aganniphum: Antioxidant activity and rheological properties	郭肖 张继瑜	Ultrasonics Sonochemistry	2017	38	
112	IL-6 Promotes FSH-Induced VEGF Expression Through JAK/STAT3 Signaling Pathway in Bovine Granulosa Cells	杨盟 李建喜	Cell Physiol Biochem	2017	44	
113	IL-1α Up-Regulates IL-6 Expression in Bovine Granulosa Cells via MAPKs and NF-κB Signaling Pathways	杨盟 李建喜	Cellular Physiology and Biochemistry	2017	41	
114	Ultrasound-assisted extraction of polysaccharides from Rhododendron aganniphum: Antioxidant activity and rheological properties	郭肖 张继瑜	Ultrasonics Sonochemistry	2017	38	
115	A rapid and simple HPLC-FLD screening method with QuEChERS as the sample treatment for the simultaneous monitoring of nine bisphenols in milk	熊琳	Food Chemistry	2018	244	

（续表）

序号	论文名称	主要作者	刊物名称	年	卷	期
116	Gymnadenia conopsea (L.) R. Br.: A Systemic Review of the Ethnobotany, Phytochemistry, and Pharmacology of an Important Asian Folk Medicine	尚小飞	Frontiers in Pharmacology	2017	8	24
117	UPLC-Q-TOF/MS-based metabonomic studies on the intervention effects of aspirin eugenol ester in atherosclerosis hamsters	马宁 李剑勇	Scientific Reports	2017	7	
118	UHPLC-Q-TOF/MS based plasma metabolomics reveals the metabolic perturbations by manganese exposure in rat models	王慧	Metallomics	2017	9	
119	UPLC-Q-TOF/MS-based urine and plasma metabonomics study on the ameliorative effects of aspirin eugenol ester in hyperlipidemia rats	马宁 杨亚军	Toxicology and Applied Pharmacology	2017	332	
120	Cardioprotection of Sheng Mai Yin a classic formula on adriamycin induced myocardial injury in Wistar rats	张凯	Phytomedicine	2017	38	
121	iTRAQ-based proteomic technology revealed protein perturbations in intestinal mucosa from manganese exposure in rat models	王慧	RSC Advances	2017	7	
122	Epidemic characterization and molecular genotyping of Shigella flexneri isolated from calves with diarrhea in Northwest China	朱阵 张继瑜	Antimicrobial Resistance and Infection Control	2017		
123	iTRAQ-based quantitative proteomic analysis reveals Bai-Hu-Tang enhances phagocytosis and cross-presentation against LPS fever in rabbit	张世栋	Journal of Ethnopharmacology	2017	207	

（续表）

序号	论文名称	主要作者	刊物名称	年	卷	期
124	The response of gene expression associated with lipid metabolism, fat deposition and fatty acid profile in the longissimus dorsi muscle of Gannan yaks to different energy levels of diets.	杨超	PLOSONE	2017	12: e0187604	
125	Synthesis and Biological Activity Evaluation of Novel Heterocyclic Pleuromutilin Derivatives	衣云鹏 尚若锋	molecules	2017	22	
126	Differential proteomic profiling of endometrium and plasma indicate the importance of hydrolysis in bovine endometritis	张世栋	Journal of Dairy Science	2017	100	
127	The toxicity and the acaricidal mechanism against Psoroptes cuniculi of the methanol extract of Adonis coerulea Maxim	尚小飞	Veterinary Parasitology	2017	240	
128	Genomic Analysis and Resistance Mechanisms in Shigella flexneri 2a Strain 301	朱阵 张继瑜	MICROBIAL DRUG RESISTANCE	2017	DOI: 10. 1089/mdr. 2016. 0173	
129	Impact of Aspirin Eugenol Ester on Cyclooxygenase−1, Cyclooxygenase−2, C−Reactive Protein, Prothrombin and Arachidonate 5−Lipoxygenase in Healthy Rats	马宁 李剑勇	Iranian Journal of Pharmaceutical Research	2017	16	4
130	Identifcation of Optimal Reference Genes for Examination of Gene Expression in Different Tissues of Fetal Yaks	李明娜 阎萍	Czech journal of animal science	2017	62	
131	An Efficient Novel Synthesis of 14−O−[（4−Amino−6−hydroxy−pyrimidine−2−yl）] Mutilin and the Antibacterial Evaluation	衣云鹏 尚若锋	Chinese J. Struct. Chem	2017	9	
132	Trace Elements may be Responsible for Medicinal Effects of Saussurea Laniceps, Saussurea Involucrate, Lycium Barbarum and Lycium Ruthenicum	王慧	Afr J Tradit Complement Altern Med	2017	14	5

（续表）

序号	论文名称	主要作者	刊物名称	年	卷	期
133	Characterization of the complete mitochondrial genome of Kunlun Mountain type wild yak (Bos mutus)	吴晓云	Conservation Genet Resour	2017	DOI 10.1007/ s12686-017- 0776-3	
134	Complete mitochondrial genome of Anxi cattle (Bos taurus)	郭宪	Conservation Genet Resour	2017	DOI: 10.1007/ s12686-017- 0833-y	
135	The complete mitochondrial genome of Zhangmu cattle (Bos taurus)	郭宪	Conservation Genet Resour	2017	DOI: 10.1007/ s12686-017- 0863-5	
136	The complete mitochondrial genome of Shigaste humped cattle (Bos taurus)	郭宪	Conservation Genetics Resources	2017	DOI: 10.1007/ s12686-017- 0931-x	
137	The complete mitochondrial genome of Sanhe horse (Equus caballus)	裴杰	Conservation Genetics Resources	2017	DOI 10.1007/ s12686-017- 0951-6	
138	Complete mitochondrial genome of Qingyang donkey (Equus asinus).	郭宪	Conservation Genet Resour	2017	9	2

第四节　授权专利

序号	专利名称	专利号	授权公告日 (年.月.日)	第一 发明人	专利类型
1	一种注射用鹿蹄草素含量测定的方法	ZL200910119068.0	2014.01.09	梁剑平	发明专利
2	绒毛样品抽样装置	ZL201210249404.5	2014.02.26	郭天芬	发明专利
3	截断侧耳素衍生物及其制备方法和应用	ZL201210427093.7	2014.04.09	梁剑平	发明专利
4	一种喹乙醇残留标示物高偶联比的全抗原合成方法	ZL201210151680.8	2014.04.30	张景艳	发明专利
5	一种防治猪传染性胃肠炎的中药复方药物	ZL201310144692.2	2014.06.11	李锦宇	发明专利
6	一种常山碱的提取工艺	ZL201210015939.6	2014.08.13	郭志廷	发明专利
7	一种苦马豆素的酶法提取工艺	ZL201210176457.9	2014.08.13	郝宝成	发明专利
8	一种防治牛猪肺炎疾病的药物组合物及其制备方法	ZL201210041157.X	2014.08.27	李剑勇	发明专利
9	一种防治猪气喘病的中药组合及其制备和应用	ZL201310022928.5	2014.09.10	辛蕊华	发明专利
10	一种以水为基质的伊维菌素 O/W 型注射液及其制备方法	ZL201210155464.0	2014.09.10	周绪正	发明专利
11	一种治疗猪流行性腹泻的中药组合物及其应用	ZL201310147391.5	2014.09.17	李锦宇	发明专利
12	一种防治鸡慢性呼吸道病的中药组合物及其制备和应用	ZL201310154850.2	2014.10.13	王贵波	发明专利
13	一种藏羊专用浓缩料及其配制方法	ZL201310090240.0	2014.10.15	王宏博	发明专利
14	一种提取黄芪多糖的发酵培养基	ZL201210141832.6	2014.10.29	张凯	发明专利
15	抗喹乙醇单克隆抗体及其杂交瘤细胞株、其制备方法及用于检测饲料中喹乙醇的试剂盒	ZL201310053673.9	2015.01.07	李建喜	发明专利
16	一种无乳链球菌快速分离鉴定试剂盒及其应用	ZL201310161818.7	2015.01.07	王旭荣	发明专利
17	一种牦牛专用浓缩料及其配制方法	ZL201310060710.9	2015.02.04	王宏博	发明专利
18	一种具有免疫增强功能的中药处方犬粮	ZL201210156945.3	2015.03.04	陈炅然	发明专利

（续表）

序号	专利名称	专利号	授权公告日（年.月.日）	第一发明人	专利类型
19	嘧啶苯甲酰胺类化合物及其制备和应用	ZL201210072942.1	2015.03.11	李剑勇	发明专利
20	一种喹烯酮衍生物及其制备方法和应用	ZL201310066005.X	2015.03.25	梁剑平	发明专利
21	一种酰胺类化合物及其制备方法和应用	ZL201410161245.2	2015.03.25	刘宇	发明专利
22	一种预防和治疗奶牛隐性乳房炎的中药组合物及其应用	ZL2013101791689	2015.04.01	李建喜	发明专利
23	青藏地区奶牛专用营养舔砖及其制备方法	ZL201210084921.1	2015.04.08	刘永明	发明专利
24	一种牦牛专用微量元素舔砖及其制备方法	ZL201410031181.4	2015.04.08	土胜义	发明专利
25	一种防治仔猪黄、白痢的中药组合物及其制备和应用	ZL201310301888.8	2015.04.15	李锦宇	发明专利
26	一种药用化合物阿司匹林丁香酚酯的制备方法	ZL201310176925.7	2015.04.20	李剑勇	发明专利
27	一种以水为基质的多拉菌素 O/W 型注射液及其制备方法	ZL201210155335.1	2015.05.18	周绪正	发明专利
28	一种防治奶牛产前产后瘫痪的高钙营养舔砖及其制备方法	ZL201410031374.X	2015.05.20	王慧	发明专利
29	一种中药组合物及其制备方法和应用	ZL201310167878.X	2015.05.26	李建喜	发明专利
30	牛 ACTB 基因转录水平荧光定量 PCR 检测试剂盒	ZL201310252707.7	2015.06.10	裴杰	发明专利
31	一种体外生产牦牛胚胎的方法	ZL201210206870.5	2015.08.19	郭宪	发明专利
32	一种提高藏羊繁殖率的方法	ZL201310171815.1	2015.09.02	郭宪	发明专利
33	一种无角牦牛新品系的育种方法	ZL201310275714.9	2015.09.30	梁春年	发明专利
34	一种防治仔猪腹泻的药物组合物及其制备方法	ZL201310448771.2	2015.10.10	潘虎	发明专利
35	一种在青藏高原高海拔地区草地设置土石围栏的方法	ZL201310251354.9	2015.10.21	田福平	发明专利
36	一种中国肉用多胎美利奴羊品系的培育方法	ZL201310305269.6	2015.10.21	岳耀敬	发明专利

（续表）

序号	专利名称	专利号	授权公告日 （年.月.日）	第一 发明人	专利类型
37	一种促进奶牛产后子宫复旧的中药组合物及其制备方法	ZL201310368588.1	2015.10.28	王磊	发明专利
38	一种提高牦牛繁殖率的方法	ZL201310400985.2	2015.11.05	郭宪	发明专利
39	一种绵羊山羊甾体激素抗原双胎苗生产工艺	ZL201310207034.2	2015.11.25	孙晓萍	发明专利
40	黄花矶松的覆膜种植方法	ZL201410175564.9	2015.12.09	路远	发明专利
41	一种快速测定苜蓿品种抗旱性和筛选抗旱苜蓿品种的方法	ZL201310180373.7	2015.12.23	田福平	发明专利
42	测定须根系植物地上部离子回运的方法及其专用设备	ZL201410066489.2	2015.12.23	王春梅	发明专利
43	一种防治高血脂症药物口服片剂及其制备工艺	ZL201310043089.5	2016.01.06	李剑勇	发明专利
44	无乳链球菌 BibA 重组蛋白及其编码基因、制备方法和应用	ZL201410121035.0	2016.01.06	王旭荣	发明专利
45	甘肃肉用绵羊多胎品系的培育方法	ZL201310335518.6	2016.01.13	刘建斌	发明专利
46	一种中药灌注液及其制备方法和应用	ZL201410019573.9	2016.01.20	梁剑平	发明专利
47	无角高山美利奴羊品系的培育方法	ZL201310342994.0	2016.01.20	刘建斌	发明专利
48	一种治疗猪腹泻病的中药组方	ZL2014100334727	2016.01.20	刘永明	发明专利
49	一种用于防治鸡肺热咳喘的中药组合物	ZL201410197154.4	2016.01.20	罗永江	发明专利
50	牛 GAPDH 基因转录水平荧光定量 PCR 检测试剂盒	ZL201310201673.9	2016.01.20	裴杰	发明专利
51	一种从开花期向日葵花盘中提取分离绿原酸的方法	ZL201310696957.X	2016.02.10	郝宝成	发明专利
52	一种治疗牦牛犊牛腹泻的藏药组合物及其制备方法	ZL201410028836.2	2016.02.24	尚小飞	发明专利
53	一种凹凸棒复合氯消毒剂及其制备方法	ZL201410275746.3	2016.03.02	梁剑平	发明专利
54	一种兽用熏蒸消毒药物组合物及其制备方法和应用	ZL201410099477.X	2016.03.02	谢家声	发明专利
55	一种钩吻生物碱的包合物及其制备方法和应用	ZL201410241619.1	2016.03.23	梁剑平	发明专利

序号	专利名称	专利号	授权公告日（年.月.日）	第一发明人	专利类型
56	检测奶牛子宫内膜细胞炎性反应的荧光定量 PCR 试剂盒及其检测方法和应用	ZL201410270225.9	2016.03.29	张世栋	发明专利
57	检测鸽 I 型副黏病毒的胶体金免疫层析试纸条及制备方法	ZL201410219718.X	2016.04.06	贺洞杰	发明专利
58	一种防治牛羊焦虫病及传播媒介蜱的药物喷涂剂及其制备方法和	ZL201310178253.3	2016.04.13	周绪正	发明专利
59	一种提高高寒地区箭筈豌豆产量的方法	ZL201410139576.6	2016.04.20	杨晓	发明专利
60	具有噻二唑骨架的截短侧耳素类衍生物及其制备方法、应用	ZL201310245894.6	2016.05.04	尚若锋	发明专利
61	一种牦牛精子体外获能的方法	ZL201310134124.4	2016.05.11	郭宪	发明专利
62	一种治疗猪支原体肺炎的复方中药复合物及其制备方法	ZL201410444874.6	2016.05.11	辛蕊华	发明专利
63	一种牦牛屠宰保定装置	ZL201410066039.3	2016.05.25	梁春年	发明专利
64	一种羊标记用色料	ZL201410136193.3	2016.05.25	牛春娥	发明专利
65	一种皮肤组织切片用石蜡包埋盒	ZL201410319554.8	2016.06.01	牛春娥	发明专利
66	一种治疗羔羊痢疾的中药组合物及其制备方法	ZL201410323912.2	2016.06.08	刘永明	发明专利
67	一种以土豆渣和豆腐渣为主料的牛羊饲料及其制备方法	ZL201410174401.9	2016.06.22	王晓力	发明专利
68	葛根素衍生物的制备方法	ZL201410152287.X	2016.06.29	梁剑平	发明专利
69	高山美利奴羊断奶羔羊用的全价颗粒饲料	ZL201310400981.4	2016.06.29	刘建斌	发明专利
70	一种茜素红 S 络合分光光度法测定铝离子含量的方法	ZL201410174352.9	2016.06.29	王晓力	发明专利
71	利用超临界 CO_2 提取开花期向日葵花盘中总黄酮的提取方法	ZL201510055248.2	2016.07.06	郝宝成	发明专利
72	一种体外筛选和检测抗奶牛子宫内膜炎药物的方法	ZL201510234048.3	2016.07.06	张世栋	发明专利
73	一种用于检测禽白血病 P27 的酶联免疫反应载体及试剂盒	ZL201010224980.5	2016.08.03	吴培星	发明专利
74	一种靶向鹿蹄草素复合物及其制备方法和应用	ZL201410127906.X	2016.08.17	梁剑平	发明专利

（续表）

序号	专利名称	专利号	授权公告日 （年.月.日）	第一 发明人	专利类型
75	头孢噻呋羟丙基-β-环糊精包合物及其制备方法	ZL201410008732.5	2016.08.17	梁剑平	发明专利
76	一种毛、绒手排长度试验板	ZL201410111274.8	2016.08.17	牛春娥	发明专利
77	一种提高西藏—江两河地区苜蓿种子产量的微肥组合物	ZL201410223016.9	2016.08.24	朱新强	发明专利
78	黄花补血草总鞣质的提取方法	ZL201410149687.5	2016.08.31	刘宇	发明专利
79	一种早熟禾草坪建植中种子的快速萌发方法及其专用装置	ZL201410774602.2	2016.08.31	王春梅	发明专利
80	一种快速测定蜂蜜制品中铝离子含量的方法	ZL201410175906.7	2016.08.31	王晓力	发明专利
81	一种电泳凝胶转移及染色脱色装置	ZL201410197306.0	2016.09.07	郭婷婷	发明专利
82	羊用复式循环药浴池	ZL201410445031.8	2016.09.07	孙晓萍	发明专利
83	一种便携式可旋转绵羊毛分级台	ZL201310335476.6	2016.09.28	孙晓萍	发明专利
84	一种绵羊罩衣	ZL201110096276.0	2016.12.21	牛春娥	发明专利
85	一种细毛羊毛囊干细胞分离培养方法	ZL201310178143.7	2016.12.28	郭婷婷	发明专利
86	一种皮革取样刀	ZL201410117796.9	2017.01.04	牛春娥	发明专利
87	一种查尔酮噻唑酰胺类化合物及其制备方法和应用	ZL201510101622.8	2017.01.11	刘希望	发明专利
88	饲料中二甲氧苄胺嘧啶、三甲氧苄胺嘧啶和二甲氧甲基苄胺嘧啶的检测方法	ZL201510062080.8	2017.01.11	杨亚军	发明专利
89	一种固态发酵蛋白饲料的制备方法	ZL201410318719.X	2017.01.17	王晓力	发明专利
90	适用于北方室内花卉的施肥系统	ZL201410716530.6	2017.01.18	王春梅	发明专利
91	勒马回乙醇浸膏在制备治疗奶牛子宫炎药物中的用途	ZL201410137532.X	2017.02.15	梁剑平	发明专利
92	一种发酵黄芪的制备方法及其总皂苷的提取方法	ZL201410405496.0	2017.02.15	秦哲	发明专利
93	一种微波辅助提取骆驼蓬生物碱的方法	ZL201510039879.5	2017.02.22	尚小飞	发明专利
94	一种毛皮存放调湿使用架	ZL201510532977.2	2017.03.01	郭天芬	发明专利
95	一种治疗动物子宫内膜炎的药物及其制备方法	ZL201410051075.2	2017.03.01	苗小楼	发明专利

（续表）

序号	专利名称	专利号	授权公告日 （年.月.日）	第一 发明人	专利类型
96	一种野大麦的室内快速培育方法	ZL201510211035.4	2017.03.08	王春梅	发明专利
97	一种中药物组合物及其制备方法和应用	ZL201410237029.1	2017.03.15	梁剑平	发明专利
98	一种牛肉中齐帕特罗、西布特罗、克仑普罗和班布特罗等促生长剂残留量的测定方法	ZL201510530443.6	2017.04.05	熊琳	发明专利
99	一种测定动物组织中残留苯并咪唑类药物的方法	ZL201511026673.5	2017.04.19	熊琳	发明专利
100	一种具有嘧啶侧链的截短侧耳素衍生物及其应用	ZL201510133186.2	2017.05.03	尚若锋	发明专利
101	一种电极法测定离子过膜瞬时速率的方法及其专用测试装置	ZL201510103686.1	2017.05.10	王春梅	发明专利
102	一种用于治疗鸡球虫病的中药组合物及其制备方法和应用	ZL201510239092.3	2017.05.10	梁剑平	发明专利
103	一种定量评估药物溶血性指标的方法	ZL201510295237.1	2017.05.31	程富胜	发明专利
104	一种鹿蹄草素微囊及其制备方法	ZL201510068684.3	2017.06.16	梁剑平	发明专利
105	一种奶牛专用护乳膏及其制备方法和应用	ZL201410182539.3	2017.06.27	李新圃	发明专利
106	一种复合蛋白饲料及其制备方法	ZL201410812462.3	2017.07.18	王晓力	发明专利
107	一种用于治疗奶牛子宫内膜炎的药物组合物及其灌注液的制备方法	ZL201510174293.X	2017.08.29	王东升	发明专利
108	一种蒿甲醚微球的制备方法	ZL201410426101.5	2017.09.15	梁剑平	发明专利
109	一种金丝桃素白蛋白纳米粒-大肠杆菌血清抗体复合物及其制备方法和应用	ZL201510223043.0	2017.09.15	梁剑平	发明专利
110	一种航天诱变多叶型紫花苜蓿选育方法	ZL201510066468.5	2017.09.19	杨红善	发明专利
111	一种五氯柳胺纳米囊及其制备方法	ZL201410730465.2	2017.10.27	魏小娟	发明专利
112	一株非解乳糖链球菌菌株及其应用	ZL201510156629.X	2017.10.27	张景艳	发明专利
113	一种治疗牛羊真菌感染性皮肤病的外用涂膜剂	ZL201510255205.9	2017.10.27	周绪正	发明专利
114	一株鸡源屎肠球菌菌株及其应用	ZL201510156610.5	2017.10.31	张景艳	发明专利

（续表）

序号	专利名称	专利号	授权公告日 （年.月.日）	第一 发明人	专利类型
115	一种用于防治猪气喘病的中药组合物及其制备方法和应用	ZL201510176534.4	2017.11.03	王贵波	发明专利
116	一种骆驼蓬的综合提取方法	ZL201510020959.6	2017.11.24	尚小飞	发明专利
117	一种野外牦牛分群补饲装置	ZL201320232591.6	2014.01.15	梁春年	实用新型
118	温热灸按摩一体棒	ZL201320324028.1	2014.01.22	王贵波	实用新型
119	一种聚丙烯酰胺凝胶制备装置	ZL201320488482.0	2014.01.22	裴杰	实用新型
120	一种 RNA 酶去除装置	ZL201320460609.8	2014.01.22	裴杰	实用新型
121	一种牦牛野外称量体重的装置	ZL201320079880.7	2014.02.19	梁春年	实用新型
122	一种便携式可旋转绵羊毛分级台	ZL201320471973.4	2014.03.12	孙晓萍	实用新型
123	一种用于奶牛临床型乳房炎乳汁性状观察的诊断盘套装	ZL201320589243.4	2014.03.19	王旭荣	实用新型
124	一种可拆卸式糟渣饲料成型装置	ZL201320605686.8	2014.03.26	王晓力	实用新型
125	一种糟渣饲料成型装置	ZL201320599758.2	2014.03.26	王晓力	实用新型
126	一种对种子清洗消毒的装置	ZL201420190136.9	2014.04.18	王春梅	实用新型
127	一种兽用丸剂制成型模具	ZL201420212350.X	2014.04.29	郝宝成	实用新型
128	一种预防动物疯草中毒制剂舔砖加工成型的模具	ZL201420230255.2	2014.05.04	郝宝成	实用新型
129	畜禽内脏粉碎样品取样器	ZL201320790883.1	2014.05.07	李维红	实用新型
130	集成式固体食品分析样品采样盒	ZL201320825605.5	2014.05.14	熊琳	实用新型
131	一种测定溶液 PH 的装置	ZL201320815357.6	2014.05.14	熊琳	实用新型
132	一种固态发酵蛋白饲料的发酵盒	ZL201420256016.4	2014.05.19	王晓力	实用新型
133	一种利于厌氧和好氧发酵转换的发酵袋	ZL201420255940.0	2014.05.19	王晓力	实用新型
134	一种培养皿消毒装置	ZL201420261113.2	2014.05.21	王春梅	实用新型
135	一种带刺植物种子采集器	ZL201420262213.7	2014.05.23	王春梅	实用新型
136	一种旋转型培养皿架	ZL201420205867.6	2014.06.03	杨峰	实用新型
137	一种新型适用于液氮冻存的七孔纱布袋	ZL201320831429.6	2014.06.04	褚敏	实用新型
138	一种新型适用于冻存管的动物软组织专用取样器	ZL201320809800.9	2014.06.04	褚敏	实用新型

（续表）

序号	专利名称	专利号	授权公告日 （年.月.日）	第一 发明人	专利类型
139	一种自动洗毛机	ZL201420026738.3	2014.06.09	熊琳	实用新型
140	一种采集奶牛子宫内膜分泌物的组合装置	ZL201320700881.9	2014.06.11	李建喜	实用新型
141	一种超声清洗仪	ZL201420069735.5	2014.06.12	熊琳	实用新型
142	一种用于琼脂平板培养基细菌接种的滚动涂抹棒	ZL201420007463.6	2014.06.18	杨峰	实用新型
143	涡旋混合器	ZL201420069694.x	2014.06.18	熊琳	实用新型
144	一种多功能试管收纳筒	ZL201420331452.3	2014.06.20	李新圃	实用新型
145	一种皮革取样刀	ZL201420142056.6	2014.06.24	牛春娥	实用新型
146	一种定量稀释喷洒装置	ZL201420338783.X	2014.06.24	工春梅	实用新型
147	一种单子叶植物幼苗液体培养用培养盒	ZL201420036315.7	2014.06.25	王春梅	实用新型
148	一种适用于长时间萌发且便于移栽的种子萌发盒	ZL201420039152.8	2014.06.25	王春梅	实用新型
149	一种畜禽肉及内脏样品水浴蒸干搅拌器	ZL201420023334.6	2014.06.25	李维红	实用新型
150	一种新型可注入液氮式研磨器	ZL2013208395128	2014.06.25	褚敏	实用新型
151	家畜灌胃开口器	ZL201420060230.2	2014.07.09	王贵波	实用新型
152	一种用于液体类药物抑菌试验的培养皿	ZL201420029756.4	2014.07.09	杨峰	实用新型
153	一种种用牦牛补饲栏装置	ZL201420097955.9	2014.07.16	郭宪	实用新型
154	一种新型待提取 DNA 的植物干燥叶片样品的储藏盒	ZL201420092525.8	2014.07.16	张茜	实用新型
155	一种牦牛屠宰保定装置	ZL201420083121.2	2014.07.16	梁春年	实用新型
156	一种冻存管集装裹袋	ZL201420055296.2	2014.07.23	张世栋	实用新型
157	一种防水干燥型植物标本夹包	ZL201420115952.3	2014.07.23	张茜	实用新型
158	一种嵌套式小容量采血管	ZL2014200989546	2014.07.23	褚敏	实用新型
159	一种新型的开孔式微量冻存管	ZL2014201104569	2014.07.23	褚敏	实用新型
160	一种可调式圆形切胶器	ZL2014200989160	2014.07.23	褚敏	实用新型
161	用于盛放及清洗羊毛样品的装置	ZL201420110293.4	2014.07.23	郭天芬	实用新型

（续表）

序号	专利名称	专利号	授权公告日（年．月．日）	第一发明人	专利类型
162	一种耐高温高压的细菌冻干管贮运保护套	ZL201420045653.7	2014.07.23	王旭荣	实用新型
163	一种用于细菌微量生化鉴定管的定量吸头	ZL201420141687.6	2014.07.30	李新圃	实用新型
164	自动化牛羊营养舔块制造机具	ZL201420136651.9	2014.07.30	王胜义	实用新型
165	微波消解防溅罩	ZL201420136558.8	2014.07.30	王慧	实用新型
166	一种新型采集提取 DNA 的新鲜植物叶片样品的干燥袋	ZL201420092537.0	2014.07.30	张茜	实用新型
167	分子生物学实验操作盘	ZL201420150522.5	2014.08.06	张茜	实用新型
168	微波炉加热凝胶液体杯	ZL201420150622.8	2014.08.06	张茜	实用新型
169	测定须根系植物地上部分离子回运的方法的专用设备	ZL201420083518.1	2014.08.06	王春梅	实用新型
170	一种用于毛囊培养的装置	ZL21420164275.4	2014.08.06	郭婷婷	实用新型
171	豚鼠专用注射固定器	ZL201420105314.3	2014.08.10	周绪正	实用新型
172	一种适用于薄层板高温加热的支架	ZL201420180651.9	2014.08.13	辛蕊华	实用新型
173	一种大动物软组织采样切刀	ZL201420178030.7	2014.08.13	张世栋	实用新型
174	一种羊毛中有色纤维鉴别装置	ZL201420104199.8	2014.08.13	高雅琴	实用新型
175	一种用于存放研钵及研磨棒的搁置架	ZL201420171321.3	2014.08.13	张茜	实用新型
176	一种植物培养装置	ZL201420189764.5	2014.08.20	贺泂杰	实用新型
177	通风柜	ZL201420069576.9	2014.08.20	熊琳	实用新型
178	圆形容器清洗刷	ZL201420199827.5	2014.08.27	王贵波	实用新型
179	一种大鼠电子体温检测装置	ZL201420176295.3	2014.08.27	张世栋	实用新型
180	一种用于放置细菌微量生化鉴定管的活动管架	ZL201420202030.6	2014.08.27	李新圃	实用新型
181	一种便携式可拆式羊用保定架	ZL201420198238.5	2014.08.27	李宏胜	实用新型
182	一种用于冻干管抽真空的连接头	ZL201420183782.2	2014.08.27	杨峰	实用新型
183	一种用于细菌培养和保藏的琼脂斜面管	ZL201420186896.2	2014.08.27	杨峰	实用新型
184	一种用于药敏纸片的移动抢	ZL201420198240.2	2014.08.27	杨峰	实用新型
185	琼脂糖凝胶制胶器	ZL201420206301.5	2014.08.27	裴杰	实用新型

（续表）

序号	专利名称	专利号	授权公告日 （年.月.日）	第一 发明人	专利类型
186	一种新型动物组织采样器	ZL201420166093.0	2014.08.27	裴杰	实用新型
187	分液漏斗支架装置	ZL201420221050.8	2014.08.27	刘宇	实用新型
188	一种色谱仪进样瓶风干器	ZL201320836791.2	2014.08.27	熊琳	实用新型
189	一种牧区野外饲草料晾晒和饲喂一体简易装置	ZL201420097858.x	2014.09.03	梁春年	实用新型
190	一种牧区野外多功能活动式牛羊补饲围栏装置	ZL201420097857.5	2014.09.03	梁春年	实用新型
191	一种电泳凝胶转移及染色脱色装置	ZL201420239522.2	2014.09.03	郭婷婷	实用新型
192	一种野外植物采样工具包	ZL201420139451.9	2014.09.03	张茜	实用新型
193	一种啮齿动物保定装置	ZL201420170367.3	2014.09.10	罗永江	实用新型
194	奶牛用便携式药液防呛快速灌服器	ZL201420193643.8	2014.09.10	王磊	实用新型
195	用于兽医临床样品采集的多功能采样箱	ZL201420242428.2	2014.09.10	王旭荣	实用新型
196	一种折叠式无菌细管架	ZL201420249843.0	2014.09.10	贺洞杰	实用新型
197	一种伸缩式斜置试剂瓶架	ZL201420249827.1	2014.09.10	贺洞杰	实用新型
198	一种自动固定式涡旋器	ZL201420251735.7	2014.09.10	贺洞杰	实用新型
199	一种兽医用手套	ZL201420097247.5	2014.09.10	岳耀敬	实用新型
200	一种无菌操作台用容器支撑器	ZL201420174305.X	2014.09.10	张茜	实用新型
201	一种可拆卸晾毛架	ZL201420042302.0	2014.09.10	熊琳	实用新型
202	一种测草产量的称重袋	ZL201420115688.3	2014.09.10	张茜	实用新型
203	一种可更换刷头的电动试管刷	ZL201420266582.3	2014.09.17	李宏胜	实用新型
204	一种鸡鸭胚液收集辅助器	ZL201420255228.0	2014.09.17	贺洞杰	实用新型
205	一种"X"形羊用野外称重保定带	ZL201420129786.2	2014.09.17	包鹏甲	实用新型
206	一种毛绒样品清洗装置	ZL201420110292.x	2014.10.01	郭天芬	实用新型
207	一种毛、绒伸直长度测量板	ZL201420113746.9	2014.10.08	牛春娥	实用新型
208	实验室用电动清洗刷	ZL201420207999.2	2014.10.10	王贵波	实用新型
209	一种欧拉羊复壮的方法	ZL201310084732.9	2014.10.15	梁春年	实用新型
210	一种用于组织切片或涂片烘干装置	ZL201420204676.8	2014.10.15	孔晓军	实用新型
211	一种饲料混合粉碎机	ZL201420336602.X	2014.10.15	张怀山	实用新型

（续表）

序号	专利名称	专利号	授权公告日 （年.月.日）	第一 发明人	专利类型
212	一种剪毛束装置	ZL201420336601.5	2014.10.15	张怀山	实用新型
213	一种干燥防尘箱	ZL201420289919.2	2014.10.15	张茜	实用新型
214	一种易拆装花盆	ZL201420268425.6	2014.10.15	胡宇	实用新型
215	一种用于冻干管批量清洗装置	ZL201420297285.5	2014.10.15	李宏胜	实用新型
216	一种农区、半农半牧区家庭化舍饲养牛牛舍	ZL201420129922.8	2014.10.15	包鹏甲	实用新型
217	一种绵羊母子护理栏	ZL201420295132.7	2014.10.15	郭健	实用新型
218	一种用于 CO_2 培养箱的抽水装置	ZL201420160004.1	2014.10.17	王磊	实用新型
219	一种病理玻片架	ZL201420174174.5	2014.10.21	张景艳	实用新型
220	一种锥形瓶灭菌用的封口装置	ZL201420443935.2	2014.10.22	王晓力	实用新型
221	母牛子宫内分泌物采集装置	ZL201420055292.4	2014.10.22	张世栋	实用新型
222	一种小鼠多功能夹式固定器	ZL201420391011.2	2014.10.22	罗金印	实用新型
223	一种用于安全运输菌株冻干管的保护管	ZL201420275462.X	2014.10.29	王玲	实用新型
224	涂布棒灼烧消毒固定工具	ZL201420231726.1	2014.10.29	贺泂杰	实用新型
225	一种羊用野外称重保定装置	ZL201420110553.8	2014.10.29	包鹏甲	实用新型
226	一种便携式保温采样瓶	ZL201420319874.9	2014.10.29	包鹏甲	实用新型
227	一种绵羊产羔栏	ZL201420164233.0	2014.10.29	郭健	实用新型
228	一种液氮罐用冻存管保存架	ZL201420247751.9	2014.10.31	裴杰	实用新型
229	一种试管架	ZL201420315525.X	2014.11.05	罗永江	实用新型
230	一种用于微生物学实验的接种针	ZL201420292141.0	2014.11.05	王旭荣	实用新型
231	一种剪毛房	ZL201420098940.4	2014.11.05	牛春娥	实用新型
232	一种绵羊药浴设施	ZL201420382102.x	2014.11.06	郭健	实用新型
233	一种配置牛床的犊牛岛	ZL201420370740.X	2014.11.12	秦哲	实用新型
234	绵羊人工授精设施	ZL201420293214.8	2014.11.19	郭健	实用新型
235	一种 DNA 电泳检测前制样用板	ZL201420294971.7	2014.11.26	张茜	实用新型
236	一种便携式洗根器	ZL201420141934.2	2014.11.26	路远	实用新型
237	一种容量瓶	ZL201420300283.7	2014.11.26	朱新强	实用新型

序号	专利名称	专利号	授权公告日 （年.月.日）	第一 发明人	专利类型
238	一种用于培养皿消毒和保藏的储存盒	ZL201420302266.7	2014.11.26	李宏胜	实用新型
239	简易真空干燥装置	ZL201420042430.5	2014.11.26	熊琳	实用新型
240	一种试验用玻璃棒	ZL201420300379.3	2014.12.01	朱新强	实用新型
241	一种伸缩型牧草株高测量尺	ZL201420115305.2	2014.12.03	张茜	实用新型
242	一种培养皿放置收纳箱	ZL201420284244.2	2014.12.03	张茜	实用新型
243	一种实验室用实验组合柜	ZL201420400159.8	2014.12.03	秦哲	实用新型
244	一种分段式柱体层析装置	ZL 201420370838.5	2014.12.08	秦哲	实用新型
245	一种用于菌株冻干的菌液收集管	ZL201420195648.4	2014.12.10	杨峰	实用新型
246	一种毛、绒手排长度试验板	ZL201420134724.0	2014.12.10	牛春娥	实用新型
247	一种带擦头的记号笔	ZL201420121471.3	2014.12.10	张茜	实用新型
248	一种加样时放置离心管的冰盒	ZL201420133109.9	2014.12.10	张茜	实用新型
249	一种水蒸气蒸馏装置	ZL201420217534.5	2014.12.17	刘宇	实用新型
250	一种皮肤组织切片用石蜡包埋盒	ZL201420371308.2	2014.12.17	牛春娥	实用新型
251	一种洗毛夹	ZL201320836844.0	2014.9.24	熊琳	实用新型
252	一种利于琼脂斜面管制作的存放盒	ZL201520003123.0	2015.01.05	杨峰	实用新型
253	一种可使试管倾斜放置的装置	ZL201420549489.3	2015.01.07	罗永江	实用新型
254	一种用于无菌采集奶牛乳房炎乳汁样品的采样包	ZL201420717921.0	2015.01.07	王玲	实用新型
255	一种成猪专用保定架	ZL201420474429.X	2015.01.28	周绪正	实用新型
256	一种用于防置球形底容器的装置	ZL201420473479.6	2015.02.18	罗永江	实用新型
257	一种用于分离蛋黄和蛋清的手捏式蛋黄吸取器具	ZL201420586223.6	2015.02.18	王玲	实用新型
258	一种柱层析支架	ZL201520308919.7	2015.03.04	杨珍	实用新型
259	一种猪专用前腔静脉采血可调保定架	ZL20152014700.X	2015.03.16	周绪正	实用新型
260	羊用复式循环药浴池	ZL201420505089.2	2015.03.25	孙晓萍	实用新型
261	一种家畜称重分离装置	ZL201420665938.0	2015.03.25	岳耀敬	实用新型
262	一种冷冻组织块切割装置	ZL201420744159.X	2015.03.25	张世栋	实用新型
263	一种核酸胶切割装置	ZL201420803801.7	2015.04.08	贺泂杰	实用新型

序号	专利名称	专利号	授权公告日 (年.月.日)	第一 发明人	专利类型
264	一种牦牛 B 超测定用保定架装置	ZL201420723244.8	2015.04.15	郭宪	实用新型
265	一种牧区牦牛体重自动筛查装置	ZL201520240864.0	2015.04.17	梁春年	实用新型
266	一种牦牛用模拟采精架	ZL201520252466.0	2015.04.18	梁春年	实用新型
267	一种凝胶胶片转移装置	ZL201420744583.4	2015.04.22	张世栋	实用新型
268	一种牛用颈静脉采血针	ZL201420744220.0	2015.04.22	张世栋	实用新型
269	一种细胞培养皿	ZL201420744156.6	2015.04.22	张世栋	实用新型
270	一种用于革兰氏染色的载玻片钳子	ZL201520003185.1	2015.05.06	杨峰	实用新型
271	一种超净工作台液氮瓶固定倾倒装置	ZL201420803734.9	2015.05.13	贺泂杰	实用新型
272	一种简易薄层色谱点样标尺	ZL201520020761.3	2015.05.13	王东升	实用新型
273	一种简易冷冻装置	ZL201520159477.4	2015.05.13	李维红	实用新型
274	一种培养皿晾晒装置	ZL201420803659.6	2015.05.13	贺泂杰	实用新型
275	一种早熟禾草坪建植中种子快速萌发方法的专用松皮装置	ZL201420793608.X	2015.05.27	王春梅	实用新型
276	一种 EP 管固定盘	ZL201520003351.8	2015.06.03	杨峰	实用新型
277	一种伸缩式蜡叶标本架	ZL201520037279.0	2015.06.03	孔晓军	实用新型
278	一种土壤取样器	ZL201520074028.x	2015.06.03	张茜	实用新型
279	一种牦牛酥油提取装置	ZL 201420861298.0	2015.06.10	郭宪	实用新型
280	一种育种种子储藏袋	ZL201520003267.6	2015.06.10	张茜	实用新型
281	一种植物种子撒播器	ZL201520003268.0	2015.06.10	张茜	实用新型
282	超净台培养基倾倒工具	ZL201520040575.6	2015.06.17	贺泂杰	实用新型
283	一种薄层色谱展开装置	ZL201520132741.5	2015.06.17	熊琳	实用新型
284	一种用于制作琼脂扩散试验中梅花形孔的装置	ZL201520095603.4	2015.06.17	贺泂杰	实用新型
285	一种薄层色谱板保存盒	ZL201520039888.X	2015.06.24	王东升	实用新型
286	一种电极测定离子过膜时速率的专用测试装置	ZL201520132634.2	2015.06.24	王春梅	实用新型
287	一种放射性废物的收集装置	ZL201520131874.0	2015.06.24	秦哲	实用新型

（续表）

序号	专利名称	专利号	授权公告日（年.月.日)	第一发明人	专利类型
288	一种液体闪烁计数法测定活体植物单向离子吸收速率的方法的专用样品管	ZL201520132633.8	2015.06.24	王春梅	实用新型
289	多功能桌板结构	ZL201520089380.0	2015.07.01	郭天芬	实用新型
290	一种便携式田间标识牌	ZL201520079167.1	2015.07.01	杨红善	实用新型
291	适用于北方室内花卉的施肥系统	ZL201420742044.7	2015.07.08	王春梅	实用新型
292	一种畜禽肉粉碎样品取样器	ZL201520007941.8	2015.07.08	李维红	实用新型
293	一种防辐射手臂保护套	ZL201520131979.6	2015.07.08	王春梅	实用新型
294	一种实验兔针灸用装置	ZL201520051143.5	2015.07.08	魏小娟	实用新型
295	一种羔羊集约化饲养羊舍	ZL201520093598.3	2015.07.09	孙晓萍	实用新型
296	一种多功能试剂管放置板	ZL201520132057.7	2015.07.12	贺泂杰	实用新型
297	一种可计量倾倒液体体积的烧杯	ZL201520506039.0	2015.07.14	黄鑫	实用新型
298	可调式毛绒样品烘样篮	ZL201520202223.6	2015.07.15	梁丽娜	实用新型
299	一种PCR加样简易操作台	ZL201520088573.4	2015.07.15	贺泂杰	实用新型
300	一种萃取分层中的吸取装置	ZL201520008163.4	2015.07.15	李维红	实用新型
301	一种接种针消毒装置	ZL201520136978.0	2015.07.15	王春梅	实用新型
302	一种毛纤维切取装置	ZL201520197765.9	2015.07.15	王宏博	实用新型
303	一种培养皿清洁工具	ZL201520083238.5	2015.07.15	贺泂杰	实用新型
304	一种液体高温灭菌瓶	ZL201520136701.8	2015.07.15	王春梅	实用新型
305	一种移液枪枪头盒	ZL201520512464.0	2015.07.15	郝宝成	实用新型
306	一种预防羊疯草中毒舔砖专用放置架	ZL201520116650.2	2015.07.15	郝宝成	实用新型
307	一种植物干种子标本展示瓶	ZL201520074090.9	2015.07.15	张茜	实用新型
308	一种纸张消毒盒	ZL201520103549.3	2015.07.15	王春梅	实用新型
309	移动可拆卸放牧羊保定栏	ZL201520118910.X	2015.07.15	孙晓萍	实用新型
310	用于清洗细胞瓶的可更换刷头的细胞瓶刷	ZL201520106451.3	2015.07.15	贺泂杰	实用新型
311	实验室清洁刷放置储存挂袋	ZL201520182941.1	2015.07.22	张茜	实用新型
312	实验室用超声萃取装置	ZL201520173967.X	2015.07.22	熊琳	实用新型
313	悬挂式植物蜡叶标本展示盒	ZL201520182839.1	2015.07.22	张茜	实用新型

（续表）

序号	专利名称	专利号	授权公告日 （年.月.日）	第一 发明人	专利类型
314	一种舍饲羊圈、放牧围栏的半自动门锁	ZL201520118910.X	2015.07.22	孙晓萍	实用新型
315	一种吸壁式移液器搁置架	ZL201520136954.5	2015.07.22	王春梅	实用新型
316	一种黏性样品取样匙	ZL201520218616.6	2015.07.22	杨晓玲	实用新型
317	一种新型可调节高速分散器	ZL201520552520.3	2015.07.28	魏小娟	实用新型
318	集成式磁力搅拌水浴反应装置	ZL201520186903.3	2015.07.29	熊琳	实用新型
319	小型液氮取倒容器	ZL201520181777.2	2015.07.29	张茜	实用新型
320	一种可伸缩的土壤耕作耙子	ZL201520132950.X	2015.07.29	杨红善	实用新型
321	一种绒面长度测量板	ZL201520238863.2	2015.07.29	郭天芬	实用新型
322	一种微量样品的过滤器	ZL201520174273.8	2015.07.29	李维红	实用新型
323	一种用于琼脂扩散试验的多孔制孔器装置	ZL201520242420.0	2015.07.29	王玲	实用新型
324	不同类型毛绒样品分类收集盒	ZL201520201879.6	2015.08.05	郭天芬	实用新型
325	固定式便捷刮板器	ZL201520106452.8	2015.08.05	贺洞杰	实用新型
326	鼠耳片取样器	ZL201520263595.X	2015.08.05	王东升	实用新型
327	羊毛洗净率实验中的烘箱隔板	ZL201520201917.8	2015.08.05	李维红	实用新型
328	一种氨基酸检测实验中溶剂简易干燥装置	ZL201520201914.4	2015.08.05	李维红	实用新型
329	一种可调式容量瓶架	ZL201520203093.8	2015.08.05	梁丽娜	实用新型
330	一种牛的诊疗保定栏	ZL201520145849	2015.08.05	周绪正	实用新型
331	一种筛底可更换式实验筛	ZL201520203048.2	2015.08.05	梁丽娜	实用新型
332	一种羊只运输的装车装置	ZL201520208296.6	2015.08.05	孙晓萍	实用新型
333	一种用于革兰氏染色的载玻片吸附架	ZL201520263088.6	2015.08.05	杨峰	实用新型
334	一种用于尾静脉试验的大小鼠固定装置	ZL201520203013.9	2015.08.05	杨峰	实用新型
335	一种用于药敏试验抑菌圈的测量装置	ZL201520202979.0	2015.08.05	杨峰	实用新型
336	一种植物腊叶标本直立式展示盒	ZL201520218656.0	2015.08.05	张茜	实用新型
337	隔板式培养皿	ZL201520250456.3	2015.08.12	王玲	实用新型

（续表）

序号	专利名称	专利号	授权公告日 （年.月.日）	第一 发明人	专利类型
338	禽用饮水器的气门装置	ZL201520221110.0	2015.08.12	郭健	实用新型
339	一种便于清理的猪圈	ZL201520212734.6	2015.08.12	郭健	实用新型
340	一种测温式水浴固定装置	ZL201520237746.4	2015.08.12	梁丽娜	实用新型
341	一种畜牧供给水装置	ZL201520212593.8	2015.08.12	郭健	实用新型
342	一种畜牧用饮水槽	ZL201520212733.1	2015.08.12	郭健	实用新型
343	一种大规模绵羊个体鉴定保定设备	ZL201520211769.8	2015.08.12	郭健	实用新型
344	一种带自动冲洗装置的羊圈	ZL201520212673.3	2015.08.12	郭健	实用新型
345	一种仿生型羔羊哺乳架	ZL201520123631.2	2015.08.12	朱新书	实用新型
346	一种放牧绵羊缓释药丸投喂器	ZL201520252434.0	2015.08.12	王宏博	实用新型
347	一种放牧牛羊草料补饲装置	ZL201520200445.4	2015.08.12	朱新书	实用新型
348	一种坩埚架夹持器	ZL201520233563.5	2015.08.12	梁丽娜	实用新型
349	一种灌木植物冬季保暖的简易温室	ZL201520237678.1	2015.08.12	张茜	实用新型
350	一种集成器皿架	ZL201520213813.9	2015.08.12	熊琳	实用新型
351	一种简易固相萃取装置	ZL201520075271.3，	2015.08.12	熊琳	实用新型
352	一种简易家畜装运设备	ZL201520212301.0	2015.08.12	郭健	实用新型
353	一种进样瓶辅助清洗器	ZL201520213206.2	2015.08.12	杨晓玲	实用新型
354	一种可拆卸式多用途试管架和移液管组合架	ZL201520241210.X	2015.08.12	魏小娟	实用新型
355	一种可替换刀头式冻存管专用动物软组织取样器	ZL201520250311.3	2015.08.12	褚敏	实用新型
356	一种可调节高度实验台	ZL201520201920.X	2015.08.12	熊琳	实用新型
357	一种绵羊分群标记设备	ZL201520221127.6	2015.08.12	郭健	实用新型
358	一种绵羊个体授精保定设备	ZL201520211823.9	2015.08.12	郭健	实用新型
359	一种胚胎体外检取装置	ZL201520159508.6	2015.08.12	郭宪	实用新型
360	一种培养基盛放瓶	ZL201520241580.3	2015.08.12	魏小娟	实用新型
361	一种新型酒精灯	ZL201520242654.5	2015.08.12	杨峰	实用新型
362	一种羊舍	ZL201520212607.6	2015.08.12	郭健	实用新型
363	一种自行式气瓶运输车	ZL201520218657.5	2015.08.12	熊琳	实用新型
364	一种可快速取放的坩埚架	ZL201520229449.5	2015.08.16	郭天芬	实用新型

（续表）

序号	专利名称	专利号	授权公告日 （年.月.日）	第一 发明人	专利类型
365	采血管收纳的腰间围带	ZL201520263663.2	2015.08.19	崔东安	实用新型
366	冻存专用采血管储存盒	ZL201520263023.1	2015.08.19	褚敏	实用新型
367	减压三通管	ZL201520263664.7	2015.08.19	王东升	实用新型
368	可收缩式遮阴棚架	ZL201520261481.1	2015.08.19	路远	实用新型
369	可调节角度的斜面培养基试管架	ZL201520261482.6	2015.08.19	路远	实用新型
370	少量毛绒样品清洗杯	ZL201520246135.6	2015.08.19	梁丽娜	实用新型
371	试验用便携式液氮储存壶	ZL201520263024.6	2015.08.19	褚敏	实用新型
372	一种采血管保护装置	ZL201520250457.8	2015.08.19	褚敏	实用新型
373	一种测定土壤水分的新型铝盒	ZL201520285736.8	2015.08.19	胡宇	实用新型
374	一种活动套管式琼脂平板打孔器	ZL201520268149.8	2015.08.19	王玲	实用新型
375	一种可拆分式洗瓶刷晾置架	ZL201520263117.9	2015.08.19	褚敏	实用新型
376	一种可叠加放置的育苗钵架	ZL201520261444.0	2015.08.19	路远	实用新型
377	一种手摇式土壤筛	ZL201520253027.1	2015.08.19	路远	实用新型
378	一种消毒液稀释杯	ZL201520263395.4	2015.08.19	杨峰	实用新型
379	一种用于超净工作台内的移液枪架	ZL201520263002.X	2015.08.19	杨峰	实用新型
380	一种一次性防毒口罩	ZL201520174410.8	2015.08.22	李维红	实用新型
381	快速液氮研磨器	ZL201520263036.9	2015.08.26	褚敏	实用新型
382	一种笔式计数数粒装置	ZL201520309742.2	2015.08.26	朱新强	实用新型
383	一种便捷式标本夹	ZL201520286168.3	2015.08.26	胡宇	实用新型
384	一种草地地方样品采集剪刀	ZL201520286167.9	2015.08.26	胡宇	实用新型
385	一种可调节行距和播种深度的田间试验划线器	ZL201520133797.2	2015.08.26	周学辉	实用新型
386	一种牛羊暖棚棚架装置	ZL201520263115.X	2015.08.26	郭宪	实用新型
387	一种洗瓶刷	ZL201520250409.9	2015.08.26	褚敏	实用新型
388	一种新型试管架	ZL201520233622.9	2015.08.26	魏小娟	实用新型
389	一种血浆样品存储盒	ZL201520211536.8	2015.08.26	李冰	实用新型
390	一种野外观测仪表防水保护箱	ZL201520313827.8	2015.08.26	李润林	实用新型
391	一种针对有毒、刺植物的样品采集剪刀	ZL201520288729.3	2015.08.26	胡宇	实用新型

（续表）

序号	专利名称	专利号	授权公告日 （年.月.日）	第一 发明人	专利类型
392	自动感应式洗手液盛放器	ZL201520263813.X	2015.08.26	褚敏	实用新型
393	一种低温解剖小鼠实验装置	ZL201520309945.1	2015.09.02	杨珍	实用新型
394	一种生物学实验用实验服	ZL201520308884.7	2015.09.02	裴杰	实用新型
395	一种手术刀片消毒装置	ZL201520103625.0	2015.09.02	王春梅	实用新型
396	一种制胶用移液器吸头	ZL201520309333.2	2015.09.02	裴杰	实用新型
397	一种种子存储袋	ZL201520293922.6	2015.09.02	王晓力	实用新型
398	细胞培养实验室操作台专用废液缸	ZL201520290100.2	2015.09.09	郝宝成	实用新型
399	一种分子生物学实验室超净台专用镊子	ZL201520323116.9	2015.09.09	梁剑平	实用新型
400	一种检测牛肉中伊维菌素残留的试剂盒	ZL201520370918.5	2015.09.09	魏小娟	实用新型
401	一种可拆卸式荧光定量孔板	ZL201520308918.2	2015.09.09	裴杰	实用新型
402	一种样品瓶存储盒	ZL201520229707.X	2015.09.09	李冰	实用新型
403	一种用于细菌革兰氏染色的载玻片界定架	ZL201520290150.0	2015.09.09	杨峰	实用新型
404	一种植株样本采集袋	ZL201520298815.2	2015.09.09	朱新强	实用新型
405	一种畜牧场用积粪车	ZL201520221108.3	2015.09.09	郭健	实用新型
406	高通量聚丙烯酰胺凝胶制胶器	ZL201520345130.9	2015.09.16	裴杰	实用新型
407	一种大动物胃管灌药器	ZL201520309780.8	2015.09.16	魏小娟	实用新型
408	一种弧形体尺测量仪	ZL201520147038.1	2015.09.16	孙晓萍	实用新型
409	一种家畜蠕虫病检查过滤器	ZL201520331245.2	2015.09.16	李世宏	实用新型
410	一种简易牦牛粪捡拾器	ZL201520309617.1	2015.09.16	孔晓军	实用新型
411	一种可调节桌面水平和高度的桌子	ZL201520340642.6	2015.09.16	李润林	实用新型
412	一种马铃薯点播器	ZL201520335053.9	2015.09.16	李润林	实用新型
413	一种马属动物鼻腔采样器	ZL201520318709.6	2015.09.16	魏小娟	实用新型
414	一种牛用鼻腔黏液采集器	ZL201520318959.X	2015.09.16	魏小娟	实用新型
415	一种犬用简易鼻腔黏液采集器	ZL201520318957.0	2015.09.16	魏小娟	实用新型
416	一种手动土样过筛装置	ZL201520309807.3	2015.09.16	李润林	实用新型
417	一种鼠类动物饲养笼清洁铲	ZL201520330971.2	2015.09.16	刘希望	实用新型

（续表）

序号	专利名称	专利号	授权公告日 （年．月．日）	第一 发明人	专利类型
418	一种水浴支架	ZL201520330985.4	2015.09.16	杨珍	实用新型
419	一种小型可调式手动中药铡刀	ZL201520370733.4	2015.09.16	程富胜	实用新型
420	一种羊鼻腔采样器	ZL201520318688.8	2015.09.16	魏小娟	实用新型
421	一种药材育成苗点播器	ZL201520340531.5	2015.09.16	李润林	实用新型
422	一种用于实验室孵化鸡胚的简易鸡胚孵化架	ZL201520095739.5	2015.09.16	贺泂杰	实用新型
423	一种仔猪去势手术用保定架	ZL201520309664.6	2015.09.16	李世宏	实用新型
424	一种猪用开口器	ZL201520222389.4	2015.09.16	王东升	实用新型
425	离心管架	ZL201520345178.X	2015.09.23	裴杰	实用新型
426	一种冰浴支架装置	ZL201520340865.2	2015.09.23	杨珍	实用新型
427	一种家畜口腔消毒容器	ZL201520330977.X	2015.09.23	李世宏	实用新型
428	一种实验兔用液体药物灌服辅助器	ZL201520205674.5	2015.09.23	郝宝成	实用新型
429	一种用于微量移取溶液的定量刻度管	ZL201520322885.7	2015.09.23	王玲	实用新型
430	一种试管固定晾晒工具	ZL201520080006.4	2015.09.30	贺泂杰	实用新型
431	一种试验用防护取样器	ZL201520380966.2	2015.09.30	张景艳	实用新型
432	一种便携式样品冷冻箱	ZL201520219329.7	2015.10.07	熊琳	实用新型
433	一种大小鼠代谢率搁置架	ZL201520391528.6	2015.10.07	孔晓军	实用新型
434	一种多功能吸管架	ZL201520335193.6	2015.10.07	王东升	实用新型
435	一种禾本科种子发芽实验皿	ZL201520003287.3	2015.10.07	张茜	实用新型
436	一种羊用人工授精保定台	ZL201520340744.8	2015.10.07	包鹏甲	实用新型
437	一种猪的保定架	ZL201520309586.X	2015.10.07	李世宏	实用新型
438	一种组合式羊栏	ZL201520576726.X	2015.10.10	郭健	实用新型
439	一种色谱柱存放盒	ZL201520396229.1	2015.10.14	李冰	实用新型
440	一种试管沥水收纳装置	ZL201520370333.3	2015.10.14	王玲	实用新型
441	液氮罐固定塞	ZL201520263090.3	2015.10.21	褚敏	实用新型
442	一种不同动物的开膛器	ZL201520414067.X	2015.10.21	李世宏	实用新型
443	一种不同动物的叩诊锤	ZL201520414076.9	2015.10.21	李世宏	实用新型
444	一种拆卸式坩埚托盘	ZL201520400377.6	2015.10.21	朱新强	实用新型

（续表）

序号	专利名称	专利号	授权公告日 （年.月.日）	第一 发明人	专利类型
445	一种大家畜的灌药器	ZL201520309672.0	2015.10.21	李世宏	实用新型
446	一种多用途搬运车	ZL201520426265.8	2015.10.21	魏小娟	实用新型
447	一种公羊采精器	ZL201520309860.3	2015.10.21	李世宏	实用新型
448	一种可倾斜试管架	ZL201520400521.6	2015.10.21	朱新强	实用新型
449	一种适用于小面积种植的播种装置	ZL201520400575.2	2015.10.21	朱新强	实用新型
450	一种旋转式腊页标本陈列架	ZL201520422712.2	2015.10.21	孔晓军	实用新型
451	一种自动混匀式水浴加热装置	ZL201520263087.1	2015.10.21	褚敏	实用新型
452	粪便样品处理器	ZL201520246282.3	2015.10.22	魏小娟	实用新型
453	一种新型防渗水、孔径可变、高度可调试管架	ZL201520487248.5	2015.10.28	高旭东	实用新型
454	一种新型土钻	ZL201520510776.8	2015.10.28	胡宇	实用新型
455	一种多功能试管架	ZL201520463539.0	2015.11.04	郝宝成	实用新型
456	一种实验室专用多功能简易定时器	ZL201520496414.8	2015.11.04	杨晓玲	实用新型
457	一种用于倾倒液体的抓瓶装置	ZL201520400608.3	2015.11.04	朱新强	实用新型
458	一种植物测量尺	ZL201520500608.0	2015.11.04	路远	实用新型
459	一种植物生长板	ZL201520500700.7	2015.11.04	路远	实用新型
460	一种羊毛束盛放调湿架	ZL201520661968.9	2015.11.04	郭天芬	实用新型
461	一种牦牛生产用分群栏装置	ZL201520600096.5	2015.11.05	郭宪	实用新型
462	一种具有多管腔的试管	ZL201520322944.0	2015.11.10	朱新强	实用新型
463	琼脂糖凝胶和核酸胶的携带移动装置	ZL201520106455.1	2015.11.11	贺泂杰	实用新型
464	一种便携式样方框	ZL201520288217.7	2015.11.11	胡宇	实用新型
465	一种容量瓶、试管和移液管三用支架	ZL201520561321.9	2015.11.11	高旭东	实用新型
466	一种野外保暖箱	ZL201520507956.0	2015.11.11	路远	实用新型
467	一种移液器枪头超声波清洗筐	ZL201520142914.1	2015.11.11	王春梅	实用新型
468	一种可固液分离的实验室废弃物盛放装置	ZL201520588555.2	2015.11.12	郭婷婷	实用新型
469	一种用于安全运输样品的采样装置	ZL201520177535.6	2015.11.18	牛建荣	实用新型
470	一种针对燕麦类种子的种子袋	ZL201520500658.9	2015.11.18	胡宇	实用新型

（续表）

序号	专利名称	专利号	授权公告日 （年.月.日）	第一 发明人	专利类型
471	一种 ELISA 实验中的吸水板装置	ZL201520599878.1	2015.12.02	董书伟	实用新型
472	一种便携式色谱柱存放袋	ZL201520396467.2	2015.12.02	李冰	实用新型
473	一种多功能实验室冰盒	ZL201520560397.X	2015.12.02	秦哲	实用新型
474	一种放牧羊保定栏	ZL201520552564.6	2015.12.02	孙晓萍	实用新型
475	一种舍饲绵羊圈舍内的栓扣装置	ZL201520603029.1	2015.12.02	孙晓萍	实用新型
476	一种生物样品涂片及切片用的染色架	ZL201520560611.1	2015.12.02	秦哲	实用新型
477	一种间距为 33.4cm 的多行尖锄	ZL201520505121.1	2015.12.02	胡宇	实用新型
478	斜面培养基的试管搁架	ZL 201520322966.7	2015.12.09	王玲	实用新型
479	一种简易牛羊保育舍保温装置	ZL201520550133.6	2015.12.09	朱新书	实用新型
480	一种经济型保暖牛羊舍	ZL201520550132.1	2015.12.09	朱新书	实用新型
481	一种羊羔喂奶装置	ZL201520576728.9	2015.12.09	郭健	实用新型
482	一种比色管支架装置	ZL201520649219.4	2015.12.16	杨珍	实用新型
483	一种家畜的便携钢笔式体温计装置	ZL201520391526.7	2015.12.16	李世宏	实用新型
484	一种毛皮存放调湿使用架	ZL201520651960.4	2015.12.16	王宏博	实用新型
485	一种实验室酸缸专用浸泡装置	ZL201520470891.7	2015.12.16	王玲	实用新型
486	一种台式电子天平秤	ZL201520381009.1	2015.12.16	李冰	实用新型
487	一种柱层析遮光支架装置	ZL201520391696.5	2015.12.16	杨珍	实用新型
488	一种除草工具	ZL201520495635.3	2015.12.16	胡宇	实用新型
489	一种牛羊舍阳光暖棚	ZL201520550131.7	2015.12.23	朱新书	实用新型
490	一种饲料搅拌供给装置	ZL201520636230.7	2015.12.23	朱新书	实用新型
491	一种多功能试管夹	ZL201520697715.7	2015.12.30	李新圃	实用新型
492	简易的青贮饲料发酵罐	ZL201520675267.0	2015.12.30	王晓力	实用新型
493	一种以广口玻璃和离心管制作的组培瓶	ZL201520697971.6	2015.12.30	王晓力	实用新型
494	检测牛肉中阿维菌素残留的免疫荧光试剂盒	ZL201520690822.7	2015.12.30	魏小娟	实用新型
495	检测羊肉中阿维菌素残留的试剂盒	ZL201520690936.1	2015.12.30	魏小娟	实用新型
496	一种称量瓶架	ZL201520496455.7	2015.12.30	杨晓玲	实用新型

（续表）

序号	专利名称	专利号	授权公告日 （年.月.日）	第一 发明人	专利类型
497	一种琼脂培养基制备瓶	ZL201520715946.6	2016.01.06	王玲	实用新型
498	一种高通量植物固液培养装置	ZL201520663789.9	2016.01.06	王晓力	实用新型
499	一种代谢笼尿液收集连接装置	ZL201520729440.0	2016.01.06	杨亚军	实用新型
500	一种简易鼠笼搬运车	ZL201520734960.0	2016.01.13	董鹏程	实用新型
501	一种保存展示柜	ZL201520735049.1	2016.01.13	李冰	实用新型
502	一种分层取土器	ZL201520500651.7	2016.01.20	路远	实用新型
503	一种植物标本盒	ZL201520498522.9	2016.01.20	路远	实用新型
504	一种田间试验用组合式多功能简易 工作台	ZL201520403789.5	2016.01.20	周学辉	实用新型
505	锥形瓶架	ZL201520702289.1	2016.02.10	尚若锋	实用新型
506	一种便携式小区划线器	ZL201520500850.8	2016.03.02	胡宇	实用新型
507	一种冰柜样品存放架	ZL201520785588.6	2016.03.02	梁丽娜	实用新型
508	一种取样勺	ZL201520787018.0	2016.03.02	梁丽娜	实用新型
509	一种天平用试管架	ZL201520785274.6	2016.03.02	梁丽娜	实用新型
510	一种简易便携的微生物培养盒	ZL201520667654.X	2016.03.09	王晓力	实用新型
511	一种手动匀浆器	ZL201620178192.X	2016.03.09	张世栋	实用新型
512	一种养殖场兽医用输液支架	ZL201520639820.5	2016.03.23	董书伟	实用新型
513	一种放牧绵羊的围栏	ZL201520923993.X	2016.03.30	孙晓萍	实用新型
514	一种大家畜运输的装卸车装置	ZL201520880007.7	2016.03.30	孙晓萍	实用新型
515	一种简便式革、毛皮切粒器	ZL201520914662.X	2016.04.13	梁丽娜	实用新型
516	一种烧杯托	ZL201520889540.X	2016.04.13	梁丽娜	实用新型
517	一种展示电泳槽装置	ZL201620358376.4	2016.04.26	张世栋	实用新型
518	一种配对式离心管	ZL201620358403.8	2016.04.26	张世栋	实用新型
519	一种适用于小面积种植的开沟工具	ZL201520309741.8	2016.04.27	朱新强	实用新型
520	一种火棉胶滴涂瓶	ZL201620431593.1	2016.05.13	梁丽娜	实用新型
521	毛绒样品手排长度排图辅助器	ZL201620431592.7	2016.05.13	梁丽娜	实用新型
522	奶牛用便携式乳房清洗装置	ZL201521033214.5	2016.05.14	罗金印	实用新型
523	一种检测肉样嫩度用水浴加热样品 盛放装置	ZL201520976556.4	2016.05.15	梁丽娜	实用新型

序号	专利名称	专利号	授权公告日 （年.月.日）	第一 发明人	专利类型
524	一种毛绒检测辅助装置	ZL2015207908864	2016.05.18	梁丽娜	实用新型
525	一种新型多功能开盖器	ZL201521127165.1	2016.05.25	黄鑫	实用新型
526	一种不锈钢酒精灯	ZL201620003256.2	2016.06.01	李宏胜	实用新型
527	一种细菌冻干管加样器	ZL201521110732.2	2016.06.01	张哲	实用新型
528	一种用于微生物染色的载玻片	ZL201620014619.2	2016.06.01	张哲	实用新型
529	一种固体样品取样铲	ZL201620010671.0	2016.06.08	郭天芬	实用新型
530	一种带刻度尺的取样铲	ZL201620048654.6	2016.06.08	郭天芬	实用新型
531	一种实验室用辅助匀浆杯	ZL201620064739.3	2016.06.08	郝宝成	实用新型
532	一种简易羊毛手排长度仪	ZL201620186806.9	2016.07.27	李维红	实用新型
533	一种变形软尺	ZL201620196574.5	2016.07.27	李维红	实用新型
534	一种实验室用离心管恒温装置	ZL201620214860.X	2016.08.03	郭宪	实用新型
535	一种牛羊双层保温棚架装置	ZL201620214862.9	2016.08.03	郭宪	实用新型
536	一种奶样采集检测装置	ZL201521080374.5	2016.08.03	罗金印	实用新型
537	一种96孔板底部保护架	ZL201620204462.X	2016.08.03	王东升	实用新型
538	一种简易多层梯形草样晾晒架	ZL201620228456.8	2016.08.03	周学辉	实用新型
539	一种牧草幼苗移栽器	ZL201620228457.2	2016.08.03	周学辉	实用新型
540	一种在超净工作台内使用的废弃物消毒桶	ZL201620263258.5	2016.08.10	张哲	实用新型
541	一种多用移液器吸头	ZL201620272472.7	2016.08.17	褚敏	实用新型
542	一种羔羊保温房	ZL201610311887.0	2016.08.17	郭健	实用新型
543	一种多层装羊卸羊装置	ZL201620311888.5	2016.08.17	郭健	实用新型
544	一种用于保定羊的羊栏	ZL201620311889.X	2016.08.17	郭健	实用新型
545	一种污水样品取样器	ZL201620069704.9	2016.08.17	郭天芬	实用新型
546	一种SDS-PAGE制胶装置	ZL201620267132.5	2016.08.17	贺泂杰	实用新型
547	一种适合于薄层层析版烘干的干燥箱	ZL201620235916.X	2016.08.17	焦增华	实用新型
548	一种强腐蚀性消毒剂分装器	ZL201620243345.4	2016.08.17	焦增华	实用新型
549	一种可准确移液的称量瓶	ZL201620277622.3	2016.08.17	焦增华	实用新型
550	一种传感器保护装置	ZL201620272542.9	2016.08.17	李润林	实用新型

序号	专利名称	专利号	授权公告日 （年．月．日）	第一 发明人	专利类型
551	一种实验台防尘罩	ZL201620272540.X	2016.08.17	李润林	实用新型
552	一种移动喷灌装置	ZL201620272539.7	2016.08.17	李润林	实用新型
553	一种多通道加液器	ZL201620234029.0	2016.08.17	熊琳	实用新型
554	一种可拆卸试管架	ZL201620272543.3	2016.08.17	熊琳	实用新型
555	一种防倒吸抽真空装置	ZL201620227137.5	2016.08.17	熊琳	实用新型
556	一种具有过滤功能的离心管套	ZL201620272545.2	2016.08.17	熊琳	实用新型
557	一种实验室培养皿放置装置	ZL201620281696.4	2016.08.17	杨珍	实用新型
558	一种新型薄层展开缸	ZL201620264802.8	2016.08.17	杨珍	实用新型
559	一种可活动的简易种子样品陈列架	ZL201620228410.6	2016.08.17	周学辉	实用新型
560	一种牛饲养用喂料槽	ZL201620273601.4	2016.08.17	朱新书	实用新型
561	一种方便羊群喂食的羊舍	ZL201620311886.6	2016.08.24	郭健	实用新型
562	一种细菌冻干管密封盖	ZL201620165948.7	2016.08.24	李宏胜	实用新型
563	一种羊毛长度测量板	ZL201620310839.X	2016.08.24	李维红	实用新型
564	一种用于采集仔猪粪便的采样衣	ZL201620274790.7	2016.08.24	李昱辉	实用新型
565	一种分隔式微量冻存管	ZL201620264799.X	2016.08.31	褚敏	实用新型
566	一种多功能松土施肥装置	ZL201620281549.7	2016.08.31	贺泂杰	实用新型
567	一种用于干燥失重和水分测定的烘箱隔板	ZL201620340800.2	2016.08.31	焦增华	实用新型
568	一种奶牛隐形乳房炎诊断盘	ZL201620290166.6	2016.08.31	李世宏	实用新型
569	一种防回流药浴瓶	ZL201620178191.5	2016.08.31	罗金印	实用新型
570	一种羊只药浴车	ZL201620235757.3	2016.08.31	熊琳	实用新型
571	一种便携式呼吸机	ZL201620295505.X	2016.08.31	熊琳	实用新型
572	一种串联式过滤装置	ZL201620322495.4	2016.08.31	熊琳	实用新型
573	一种集成式洗毛池	ZL201620315721.6	2016.08.31	熊琳	实用新型
574	一种简易扣锁	ZL201620264793.2	2016.09.07	程富胜	实用新型
575	一种实验室用匀浆杯	ZL201620297283.5	2016.09.07	郝宝成	实用新型
576	一种新型细菌冻干管	ZL201620335850.1	2016.09.07	李宏胜	实用新型
577	一种用于防止血平板制作时产生气泡的容器	ZL201620003151.7	2016.09.07	刘龙海	实用新型

序号	专利名称	专利号	授权公告日 （年．月．日）	第一 发明人	专利类型
578	一种毛绒分离器	ZL201620249675.4	2016.09.07	熊琳	实用新型
579	一种自行式羊只饮水车	ZL201620310780.4	2016.09.07	熊琳	实用新型
580	一种试验废液分类收集装置	ZL201620235758.8	2016.09.07	熊琳	实用新型
581	一种锥形瓶夹	ZL201620340798.9	2016.09.07	徐进强	实用新型
582	一种新型的液氮罐冻存架	ZL201620343387.5	2016.09.14	褚敏	实用新型
583	一种便于使用的羊粪清理机	ZL201620340832.2	2016.09.14	郭健	实用新型
584	一种自动喂羊装置	ZL201620340833.7	2016.09.14	郭健	实用新型
585	一种简易搅拌装置	ZL201620052926.X	2016.09.14	郭天芬	实用新型
586	一种植物光控培养架	ZL201620329359.8	2016.09.14	王春梅	实用新型
587	一种烘干、储存两用试管架	ZL201620343653.4	2016.09.14	王春梅	实用新型
588	一种不干胶式植物用标签	ZL201620375042.8	2016.09.14	张茜	实用新型
589	一种真空吸附植物种子数粒的装置	ZL201620375039.6	2016.09.14	张茜	实用新型
590	一种新型牛用耳标	ZL201620417929.9	2016.09.14	朱新书	实用新型
591	一种多功能 PCR 加样装置	ZL201620409853.5	2016.09.21	贺泂杰	实用新型
592	一种大肠杆菌转化实验热激冰浴装置	ZL201620375096.4	2016.09.21	贺泂杰	实用新型
593	一种凝胶夹取钳	ZL201620385547.2	2016.09.21	魏小娟	实用新型
594	一种培养基盛放瓶	ZL201620397890.9	2016.09.21	魏小娟	实用新型
595	一种可变形洗瓶刷	ZL201620264796.6	2016.09.28	褚敏	实用新型
596	一种便于羊群分拨养殖的羊舍	ZL201620340831.8	2016.09.28	郭健	实用新型
597	一种野外称量辅助装置	ZL201620453835.7	2016.09.28	李润林	实用新型
598	一种可重复利用的绿化带防冻支架	ZL201620422428.X	2016.09.28	李润林	实用新型
599	一种牛粪清理车	ZL201620306394.8	2016.09.28	熊琳	实用新型
600	一种容量瓶固定装置	ZL201620254999.7	2016.09.28	熊琳	实用新型
601	一种简易阉鸡用保定装置	ZL201620048659.9	2016.10.05	程富胜	实用新型
602	一种活动式辅助试管夹	ZL201620440106.8	2016.10.05	程富胜	实用新型
603	一种动物组织样品存放盒	ZL201620403847.9	2016.10.05	李冰	实用新型
604	一种多功能显示器托架	ZL201620294491.X	2016.10.05	李冰	实用新型
605	一种样品取样架	ZL201620219385.5	2016.10.05	李维红	实用新型

（续表）

序号	专利名称	专利号	授权公告日 （年.月.日）	第一 发明人	专利类型
606	放置羊毛用重量盒	ZL201620196573.0	2016.10.05	李维红	实用新型
607	一种简易一次性过滤装置	ZL201620192420.9	2016.10.05	李维红	实用新型
608	一种小型种鸡鸡舍	ZL201620378063.5	2016.10.05	孙晓萍	实用新型
609	一种家畜用通道式电子秤	ZL201620392627.0	2016.10.05	孙晓萍	实用新型
610	一种细口瓶清洗刷	ZL201620359384.0	2016.10.05	王春梅	实用新型
611	一种杯土一体育苗盘	ZL201620398136.7	2016.10.05	王春梅	实用新型
612	一种纸巾架	ZL201620422431.1	2016.10.05	张景艳	实用新型
613	天然牧草采样剪刀	ZL201620679706.X	2016.10.10	王宏博	实用新型
614	一种新型的动物软组织切样储存盒	ZL201620431389.X	2016.10.12	褚敏	实用新型
615	一种试验用可排水晾置架	ZL201620428449.2	2016.10.12	褚敏	实用新型
616	一种牦牛专用采血针	ZL201620301286.1	2016.10.12	褚敏	实用新型
617	用于毛皮等级鉴定的长度测量装置	ZL201620458462.2	2016.10.12	高雅琴	实用新型
618	一种试管收集筐	ZL201620098567.1	2016.10.12	李宏胜	实用新型
619	一种培养皿挑菌装置	ZL201620486461.9	2016.10.19	贺泂杰	实用新型
620	一种自动洗根器	ZL201620422424.1	2016.10.19	李润林	实用新型
621	一种简易漫灌水位报警器	ZL201620494665.7	2016.10.19	李润林	实用新型
622	一种采集乳样的旋转式漏斗	ZL201620335877.0	2016.10.19	罗金印	实用新型
623	一种不锈钢研钵器	ZL201620470904.5	2016.10.19	张景艳	实用新型
624	一种马福炉排烟装置	ZL201620234030.3	2016.10.26	熊琳	实用新型
625	一种犊牛转运车	ZL201620505643.6	2016.10.26	张景艳	实用新型
626	一种组织浅层取样器	ZL201620178194.9	2016.10.26	张世栋	实用新型
627	围栏维护紧线器	ZL201620791606.6	2016.11.01	王宏博	实用新型
628	一种液相色谱保护柱固定架	ZL201620544278.X	2016.11.02	李冰	实用新型
629	一种开孔式可分隔微量冻存管	ZL201620544217.3	2016.11.09	褚敏	实用新型
630	一种畜禽圈舍消毒车	ZL201620378064.X	2016.11.09	孙晓萍	实用新型
631	一种围栏门的栓扣装置	ZL201620447455.2	2016.11.09	孙晓萍	实用新型
632	一种实验鼠吸入麻醉装置	ZL201620204461.5	2016.11.09	王东升	实用新型
633	一种羊只绑定装置	ZL201620343652.X	2016.11.09	熊琳	实用新型

（续表）

序号	专利名称	专利号	授权公告日 （年．月．日）	第一 发明人	专利类型
634	一种组织立体切取装置	ZL201620178195.3	2016.11.09	张世栋	实用新型
635	一种简易漫灌报警器	ZL201620494666.1	2016.11.16	李润林	实用新型
636	一种多层"Z"形试管架	ZL201620550347.8	2016.11.16	魏小娟	实用新型
637	一种实验室容量瓶放置架	ZL201620567681.4	2016.11.16	严作廷	实用新型
638	一种可伸缩式插地标签牌	ZL201620294471.2	2016.11.16	张茜	实用新型
639	一种便于清理的牛舍	ZL201620273554.3	2016.11.16	朱新书	实用新型
640	一种精粗饲料压块成型机	ZL201620417930.1	2016.11.16	朱新书	实用新型
641	一种组织等分切割装置	ZL201620358339.3	2016.11.22	张世栋	实用新型
642	一种多功用医用开瓶器	ZL201620295504.5	2016.11.23	李世宏	实用新型
643	一种新型培养皿刷	ZL201620310867.1	2016.11.23	杨珍	实用新型
644	一种放牧牛羊营养舔块保护棚架	ZL201620679485.6	2016.11.23	朱新书	实用新型
645	一种放牧羊群自动分群装置	ZL201620679601.4	2016.11.23	朱新书	实用新型
646	一种调控式牛羊补饲栏	ZL201620679603.3	2016.11.23	朱新书	实用新型
647	一种用于培养皿高压灭菌消毒的装置	ZL201620635593.3	2016.11.30	王玲	实用新型
648	一种细菌浊度比照专用试管架	ZL201620577494.4	2016.11.30	王玲	实用新型
649	一种琼脂斜面接菌专用试管架	ZL201620418784.4	2016.11.30	王玲	实用新型
650	一种用于琼脂斜面培养基制备的试管架	ZL201620635595.2	2016.11.30	王玲	实用新型
651	牛羊糟渣类复合成型饲料	ZL201630214311.8	2016.11.30	王晓力	实用新型
652	一种便携式遮阴网支架	ZL 201620728264.3	2016.12.07	胡宇	实用新型
653	一种转盘式挤奶台奶牛防坠落链	ZL201620439992.2	2016.12.07	孔晓军	实用新型
654	一种细胞转运储存箱	ZL201620527968.4	2016.12.07	王玲	实用新型
655	一种用于琼脂斜面管的真菌孢子洗脱接菌杆	ZL201620688661.2	2016.12.07	王玲	实用新型
656	一种走珠式琼脂平板涂布棒	ZL201620688649.1	2016.12.07	王玲	实用新型
657	一种用于抑菌及药敏试验的培养皿置放盒	ZL201620688647.2	2016.12.07	王玲	实用新型
658	一种牛舍专用推料装置	ZL201620486561.1	2016.12.07	杨亚军	实用新型
659	一种根系土取样器	ZL201620730357.X	2016.12.07	张怀山	实用新型

（续表）

序号	专利名称	专利号	授权公告日 (年.月.日)	第一 发明人	专利类型
660	一种可拆卸的样品管架	ZL201620470907.9	2016.12.07	张景艳	实用新型
661	一种牦牛保定运输装置	ZL201620679604.8	2016.12.07	朱新书	实用新型
662	一种草原灭鼠的装置	ZL201620505645.5	2016.12.07	孙晓萍	实用新型
663	一种可变色的培养皿	ZL201620409860.5	2016.12.07	魏小娟	实用新型
664	一种手持式电动内插管专用清洗器	ZL201620723715.4	2016.12.14	李冰	实用新型
665	一种色谱分析内插管专用清洗装置	ZL201620723714.X	2016.12.14	李冰	实用新型
666	一种用于水浴加热的漂浮式离心管架	ZL201620723696.5	2016.12.14	王玲	实用新型
667	一种试验用定量水壶	ZL201620760040.0	2016.12.14	周学辉	实用新型
668	一种畜牧补饲用食槽	ZL201620763961.2	2016.12.21	郭婷婷	实用新型
669	一次性无菌PE手套	ZL201620385543.4	2016.12.21	褚敏	实用新型
670	一种试管架	ZL201620771799.9	2016.12.21	杨珍	实用新型
671	一种土样烘干摆放装置	ZL201620228410.6	2016.12.21	周学辉	实用新型
672	一种野外采样多头循环替换清洁刷	ZL201620790949.0	2016.12.28	王春梅	实用新型
673	一种绵羊毛剪毛台	ZL201620865839.6	2017.01.07	孙晓萍	实用新型
674	一种圈舍	ZL201620764452.1	2017.01.11	郭婷婷	实用新型
675	一种可叠加的育苗装置	ZL201620876723.2	2017.01.11	胡宇	实用新型
676	一种培养皿快速晾干装置	ZL201620876722.8	2017.01.11	胡宇	实用新型
677	一种试管自动清洗机	ZL201620728338.3	2017.01.11	胡宇	实用新型
678	一种羊用三分群栏装置	ZL201620866253.1	2017.01.11	孙晓萍	实用新型
679	一种母子育羔栏	ZL201620866254.6	2017.01.11	孙晓萍	实用新型
680	一种水浴锅用铁架台	ZL201620804130.5	2017.01.11	杨珍	实用新型
681	一种试管架	ZL201620804137.7	2017.01.11	杨珍	实用新型
682	一种试管夹	ZL201620804129.2	2017.01.11	杨珍	实用新型
683	一种便携式制冷箱	ZL201620887000.2	2017.01.18	胡宇	实用新型
684	一种高精度植物株高测量装置	ZL201620886999.9	2017.01.18	胡宇	实用新型
685	一种液相色谱仪专用桌	ZL201620741052.9	2017.01.18	李冰	实用新型
686	一种用于制备血琼脂平板的培养基瓶	ZL201620891021.1	2017.01.18	王玲	实用新型

（续表）

序号	专利名称	专利号	授权公告日 （年.月.日）	第一 发明人	专利类型
687	动物腹泻粪便收集装置	ZL201620550323.2	2017.01.18	魏小娟	实用新型
688	一种兽医用手推车	ZL201620295502.6	2017.01.25	李世宏	实用新型
689	一种新型筛土装置	ZL201620876654.5	2017.02.08	胡宇	实用新型
690	一种羊用药浴池	ZL201620544264.8	2017.02.08	孙晓萍	实用新型
691	一种便携防潮可折叠的采集袋	ZL201620791189.5	2017.02.08	王春梅	实用新型
692	一种加热式犊牛喂奶壶	ZL201620914290.5	2017.02.08	王贵波	实用新型
693	一种用于中药提取物的高压灭菌及存储瓶	ZL201620440107.2	2017.02.08	王玲	实用新型
694	一种多功能离心管托架	ZL201620393654.X	2017.02.15	李新圃	实用新型
695	一种动物血液 DNA 存储卡保存盒	ZL201620679707.4	2017.02.15	王宏博	实用新型
696	一种试剂管清洗装置	ZL201620409851.6	2017.02.15	贺泂杰	实用新型
697	一种实验室试管晾干装置	ZL201620876721.3	2017.02.22	胡宇	实用新型
698	一种新型取土土钻	ZL201620728340.0	2017.02.22	胡宇	实用新型
699	一种挤奶厅用治疗推车	ZL201620431591.2	2017.02.22	孔晓军	实用新型
700	一种转盘式挤奶台专业治疗平台	ZL201620486559.4	2017.02.22	孔晓军	实用新型
701	一种移液器双面枪头盒	ZL201620898507.8	2017.02.22	秦哲	实用新型
702	一种实验室专用的实验服收纳柜	ZL201620453780.X	2017.03.08	褚敏	实用新型
703	一种光合仪固定支架	ZL201620887151.8	2017.03.08	胡宇	实用新型
704	一种禾本科植物杂交用新型套袋	ZL201621048167.6	2017.03.08	胡宇	实用新型
705	一种可调节间隔的多段铡刀	ZL201621048168.0	2017.03.08	胡宇	实用新型
706	一种新式可观测根系生长的花盆	ZL201621048169.5	2017.03.08	胡宇	实用新型
707	一种用于超声波清洗仪的专用固定架	ZL201620741053.3	2017.03.08	李冰	实用新型
708	一种动物组织样品处理工作台	ZL201620854934.6	2017.03.08	李冰	实用新型
709	一种牲畜体外寄生虫防除装置	ZL201620791550.4	2017.03.15	王宏博	实用新型
710	一种便于运输、拆卸的草原划区轮牧围栏	ZL201620447506.1	2017.03.22	孙晓萍	实用新型
711	一种多功能温室培养系统	ZL201620322498.8	2017.03.22	贺泂杰	实用新型
712	一种拼接式试管架	ZL201620904980.2	2017.03.22	秦哲	实用新型

（续表）

序号	专利名称	专利号	授权公告日 (年.月.日)	第一 发明人	专利类型
713	一种兽用电子体温计	ZL201620409858.8	2017.03.22	焦增华	实用新型
714	一种便携式锄	ZL201620728337.9	2017.03.29	胡宇	实用新型
715	一种植物单株幼苗水培移栽装置	ZL201621043768.8	2017.03.29	王春梅	实用新型
716	一种铁夹	ZL201620803746.0	2017.03.29	杨珍	实用新型
717	一种牦牛体尺测量装置	ZL201620364278.1	2017.04.12	郭宪	实用新型
718	一种实验室可调节培育皿架子	ZL201621008405.0	2017.04.12	胡宇	实用新型
719	一种旋转喷水器	ZL201621020596.2	2017.04.12	路远	实用新型
720	一种草原种植翻土机	ZL201621006652.7	2017.04.12	路远	实用新型
721	一种草原松土解板机刀具	ZL201621029876.X	2017.04.12	路远	实用新型
722	一种草原浇灌装置	ZL201621030041.6	2017.04.12	路远	实用新型
723	一种用于草原浇灌装置的喷头	ZL201621030077.4	2017.04.12	路远	实用新型
724	一种实验室有毒物质收集装置	ZL201620403845.X	2017.04.12	王春梅	实用新型
725	试管架	ZL201621136618.1	2017.04.12	赵吴静	实用新型
726	一种油水两用记号笔	ZL201620849690.2	2017.04.26	王春梅	实用新型
727	一种加热底座	ZL201620803497.5	2017.04.26	杨珍	实用新型
728	一种新型石蜡包埋盒	ZL201621042533.7	2017.04.26	郝宝成	实用新型
729	一种间接血凝致敏过程水浴放置装置	ZL201621180683.4	2017.04.26	郭文柱	实用新型
730	一种便携可拆试管干燥架	ZL201620612467.6	2017.04.26	王晓力	实用新型
731	锥形瓶架	ZL201621136367.7	2017.05.03	赵吴静, 蒲万霞	实用新型
732	一种样品存储柜	ZL201620453642.1	2017.07.14	梁丽娜	实用新型
733	一种动态档案资料册	ZL201621464968.0	2017.07.28	郭天芬	实用新型
734	一种毛绒样品分拣台	ZL201621436870.4	2017.07.28	郭天芬	实用新型
735	羊毛卷曲数测量尺	ZL201720034489.3	2017.07.28	郭天芬	实用新型
736	一种绵羊体重半自动测量装置	ZL201720080345.1	2017.08.15	孙晓萍	实用新型
737	一种羔羊的补饲圈舍	ZL201720005762.X	2017.08.15	孙晓萍	实用新型
738	一种舍饲、放牧围栏的门锁	ZL201720014848.9	2017.08.15	孙晓萍	实用新型
739	一种舍饲绵羊辅助喂料设备	ZL201720006157.4	2017.08.15	孙晓萍	实用新型

（续表）

序号	专利名称	专利号	授权公告日（年.月.日)	第一发明人	专利类型
740	一种简易毛丛长度测量台	ZL201720148517.4	2017.08.29	李维红	实用新型
741	一种喷金专用金料回收罩	ZL201720148654.8	2017.08.29	李维红	实用新型
742	一种新型的液氮罐冻存架	ZL201720124883.6	2017.09.12	褚敏	实用新型
743	一种自带杀菌和干燥功能的实验用品摆放架	ZL201720124876.6	2017.09.12	褚敏	实用新型
744	牛奶发泡检测装置	ZL201720149667.7	2017.09.15	席斌	实用新型
745	一种切胶器用刀片隐藏结构	ZL201720205545.5	2017.09.26	褚敏	实用新型
746	一种实验室用可排水储物架	ZL201720205557.8	2017.09.26	褚敏	实用新型
747	一种酒精灯芯的固定装置	ZL201720205547.4	2017.09.26	褚敏	实用新型
748	一种气瓶固定架	ZL201721437505.5	2017.09.26	郭天芬	实用新型
749	注水肉检测装置	ZL201720149565.5	2017.09.26	席斌	实用新型
750	一种方便保存的嵌套式微量冻存管	ZL201720124877.0	2017.09.29	褚敏	实用新型
751	一种羔羊补饲喂奶装置	ZL201720096452.3	2017.09.29	孙晓萍	实用新型
752	一种剪毛用绵羊毛收检装置	ZL201720098136.X	2017.09.29	孙晓萍	实用新型
753	一种可调大小的组合式羊舍	ZL201720131107.9	2017.09.29	孙晓萍	实用新型
754	一种羊用饮水装置	ZL201720019662.2	2017.09.29	孙晓萍	实用新型
755	一种用于母羊羔羊分群、秤重、鉴定的圈舍装置	ZL201720097057.7	2017.09.29	孙晓萍	实用新型
756	一种待测肉样恒重保存箱	ZL201720191210.2	2017.09.29	熊琳	实用新型
757	一种可移动清洁能源牦牛圈	ZL201720202120.9	2017.09.29	熊琳	实用新型
758	一种用于旋涡振荡器离心管混悬过程中的固定装置	ZL201720107779.6	2017.10.03	王丹	实用新型
759	可移动便携式牛羊用料槽架	ZL201720238472.X	2017.10.03	王宏博	实用新型
760	用于绵羊清洁生产的羊舍	ZL201720238473.4	2017.10.03	王宏博	实用新型
761	一种牦牛角切割器	ZL201720190052.9	2017.10.03	熊琳	实用新型
762	一种牦牛奶脱气装置	ZL201720210112.9	2017.10.03	熊琳	实用新型
763	一种羊养殖用科学配料称重装置	ZL201720292054.9	2017.10.13	郭健	实用新型
764	一种方便夹取刀片的动物组织切样储存盒	ZL201720252343.6	2017.10.20	褚敏	实用新型

（续表）

序号	专利名称	专利号	授权公告日 （年.月.日）	第一 发明人	专利类型
765	一种自带切割刀片的分割式微量冻存管	ZL201720251714.9	2017.10.20	褚敏	实用新型
766	一种羊粪尿收集发酵利用装置	ZL201720310120.0	2017.10.20	郭健	实用新型
767	一种带冲洗装置的羊舍	ZL201720197757.3	2017.10.20	孙晓萍	实用新型
768	一种简易式羔羊喂奶装置	ZL201720202234.3	2017.10.20	孙晓萍	实用新型
769	一种液位可调式酶标板	ZL201720317428.8	2017.10.20	吴晓云	实用新型
770	一种10mL容量瓶的固定装置	ZL201720261990.3	2017.10.24	郭文柱	实用新型
771	一种奶牛治疗固定卧床	ZL201621184930.8	2017.10.26	张康	实用新型
772	便于羊群分拨养殖的羊舍	ZL201720300046.4	2017.10.27	王宏博	实用新型
773	简易牛羊保育舍保温装置	ZL201720237474.9	2017.10.27	王宏博	实用新型
774	一种牛饲养用喂料槽	ZL201720300148.6	2017.10.27	王宏博	实用新型
775	一种皮革削边器	ZL201720287868.3	2017.10.27	席斌	实用新型
776	一种动物血液采样保温装置	ZL201720277917.5	2017.10.27	张康	实用新型
777	一种舍饲绵羊饲喂装置	ZL201720310186.X	2017.11.03	郭健	实用新型
778	用于绵羊高床养殖的羊舍	ZL201720321448.2	2017.11.03	郭健	实用新型
779	培养皿架	ZL201720333993.3	2017.11.03	吴晓云	实用新型
780	一种卵母细胞收集专用的放大装置	ZL201720332338.6	2017.11.03	吴晓云	实用新型
781	一种拼接式细胞培养板	ZL201720325345.3	2017.11.03	吴晓云	实用新型
782	一种微生物培养皿的固定装置	ZL201720340846.9	2017.11.03	吴晓云	实用新型
783	一种模拟牦牛胚胎母体的胚胎运输装置	ZL201720394973.7	2017.11.07	郭宪	实用新型
784	一种可调式圆形切胶器	ZL201720205556.3	2017.11.10	褚敏	实用新型
785	一种容量瓶用的自带喷水的刷瓶器	ZL201720205544.0	2017.11.10	褚敏	实用新型
786	一种容量瓶专用洗瓶刷	ZL201720205553.X	2017.11.10	褚敏	实用新型
787	一种新型的可注入液氮式研磨器	ZL201720124870.9	2017.11.10	褚敏	实用新型
788	一种羊群鉴定分群设施	ZL201720356108.3	2017.11.10	郭健	实用新型
789	一种带加热装置的酶标板架	ZL201720404210.6	2017.11.10	吴晓云	实用新型
790	一种用于蒸馏烧瓶的保温套	ZL201720324379.0	2017.11.14	程富胜	实用新型
791	一种捕杀草原鼢鼠的地箭	ZL201720365685.9	2017.11.14	王宏博	实用新型

（续表）

序号	专利名称	专利号	授权公告日 （年.月.日）	第一 发明人	专利类型
792	一种便携食品检测装置	ZL201720418685.0	2017.11.14	席斌	实用新型
793	一种用于牦牛细胞的培养装置	ZL201720407825.4	2017.11.17	郭宪	实用新型
794	一种连盖离心管专用插架	ZL201720391524.7	2017.11.17	王玲	实用新型
795	一种多功能盆栽苗固定架	ZL201720366752.9	2017.11.17	周学辉	实用新型
796	一种皮革磨边棒	ZL201720287869.8	2017.11.20	席斌	实用新型
797	一种裘皮服装储存箱	ZL201720411724.4	2017.11.21	席斌	实用新型
798	一种绿化草毯车	ZL201720399892.6	2017.11.21	张怀山	实用新型
799	牛肉食品检测仪	ZL201720419166.6	2017.11.22	席斌	实用新型
800	一种PCR实验操作实验盘	ZL 201720404160.1	2017.11.24	吴晓云	实用新型
801	一种超净工作台内用培养皿架	ZL 201720404159.9	2017.11.24	吴晓云	实用新型
802	一种动物样品采集工具箱	ZL 201720419090.7	2017.11.24	吴晓云	实用新型
803	一种牛的母子共用圈舍	ZL 201720400471.0	2017.11.24	吴晓云	实用新型
804	一种自动称量取药匙	ZL201720441277.7	2017.11.24	杨晓玲	实用新型
805	一种草原放牧羊群精料补饲装置	ZL201720544937.4	2017.11.28	郭健	实用新型
806	一种绵羊人工手机保定架	ZL201720006074.5	2017.11.28	孙晓萍	实用新型
807	一种头尾草料分选机	ZL201720400475.9	2017.11.28	张怀山	实用新型
808	一种改进的牦牛精子保存装	ZL201720556432.X	2017.12.05	郭宪	实用新型
809	一种牦牛细胞生物反应器	ZL201720496592.X	2017.12.05	郭宪	实用新型
810	一种牦牛卵母细胞及胚胎运输装置	ZL201720502470.7	2017.12.08	郭宪	实用新型
811	一种用于牦牛细胞培养的超净工作台	ZL201720530538.2	2017.12.08	郭宪	实用新型
812	一种可变间隔的三头尖锄	ZL201720444909.5	2017.12.08	胡宇	实用新型
813	一种可伸缩的调整大小的小区方形定位器	ZL201720444865.6	2017.12.08	胡宇	实用新型
814	一种适用范围广的电动试管刷	ZL201720444845.9	2017.12.08	胡宇	实用新型
815	一种便携式组装运输车	ZL201720444910.8	2017.12.08	胡宇	实用新型
816	一种皮革收缩温度检测试样取样装置	ZL201720512845.6	2017.12.12	郭天芬	实用新型
817	单纤维样品放大制样器	ZL201720519956.1	2017.12.12	郭天芬	实用新型

（续表）

序号	专利名称	专利号	授权公告日 （年.月.日）	第一 发明人	专利类型
818	一种羊只防疫鉴定保定栏	ZL201720015243.1	2017.12.12	孙晓萍	实用新型
819	一种用于羊舍的便于羊群调整的装置及羊舍	ZL201720056076.5	2017.12.12	孙晓萍	实用新型
820	一种用于分析天平的微量称样器皿	ZL201720532075.3	2017.12.12	王玲	实用新型
821	一种培养基取用装置	ZL201720449378.9	2017.12.12	吴晓云	实用新型
822	一种保温倾斜瓶架	ZL201720399413.0	2017.12.12	吴晓云	实用新型
823	一种饲草喂食装置	ZL201720553784.X	2017.12.12	张怀山	实用新型
824	一种用于牦牛细胞培养的负压过滤装置	ZL201720573015.6	2017.12.15	郭宪	实用新型
825	一种改进的牛用胚胎培养装置	ZL201720375083.1	2017.12.15	郭宪	实用新型
826	一种改进的牛胚胎和卵母细胞开放式玻璃化冷冻保存管	ZL201720387365.3	2017.12.15	郭宪	实用新型
827	一种牦牛细胞培养用玻璃器皿清洁装置	ZL201720612583.2	2017.12.15	郭宪	实用新型
828	一种酒精灯及配件放置盒	ZL201620055517.5	2017.3.15	张茜	实用新型
829	包装袋——牛羊复合饲料	ZL201630248921.X	2016.10.05	王晓力	外观设计
830	包装袋——牛羊复合饲料	ZL201630245930.3	2016.10.16	王晓力	外观设计
831	包装袋	ZL201630245965.7	2016.09.14	王晓力	外观专利

第五节　出版著作

序号	论著名	主　编	出版单位	年份	字数 （万字）
1	中兽药学	梁剑平	军事医学科学出版社	2014	65.0
2	生物学理论与生物技术研究	王晓力	中国水利水电出版社	2014	41.3
3	藏羊养殖与加工	郎　侠	中国农业科学技术出版社	2014	35.0
4	第五届国际牦牛大会论文集	阎　萍	中国农业科学技术出版社	2014	84.0

（续表）

序号	论著名	主编	出版单位	年份	字数（万字）
5	包虫病（虫癌）防治技术指南	张继瑜	甘肃科技出版社	2014	21.0
6	动物营养与饲料加工技术研究	王晓力	东北师范大学出版社	2014	40.7
7	动物毛皮质量鉴定技术	高雅琴　王宏博	中国农业科学技术出版社	2014	50.0
8	适度规模肉牛场高效生产技术	阎萍　郭宪	中国农业科学技术出版社	2014	25.0
9	藏獒饲养管理与疾病防治	郭宪	金盾出版社	2014	26.8
10	牦牛养殖实用技术手册	梁春年　阎萍	中国农业出版社	2014	21.0
11	农牧期刊编辑实用手册	魏云霞　阎萍	甘肃省科技出版社	2014	50.0
12	优质羊毛生产技术	郭健	甘肃科学技术出版社	2014	22.0
13	羊繁殖与双羔免疫技术	冯瑞林	甘肃科学技术出版社	2014	31.0
14	适度规模肉羊场高效生产技术	杨博辉	中国农业科技出版社	2014	30.0
15	中兽医药国际培训教材	郑继方　杨志强　王学智	中国农业科学技术出版社	2014	50.0
16	2012年度科技论文集	杨志强　张继瑜	中国农业科学技术出版社	2014	50.0
17	第三届中青年科技论文暨盛彤笙杯演讲比赛论文集	张继瑜　王学智　董鹏程	中国农业科学技术出版社	2014	50.0
18	天然药物植物有效成分提取分离与纯化技术	梁剑平　刘宇　郝宝成	吉林大学出版社	2014	28.7
19	饲料分析及质量检测技术研究	王晓力	东北师范大学出版社	2014	40.1
20	2001—2014中国农业科学院兰州畜牧与兽药研究所成果汇编	杨志强　张继瑜　王学智　周磊	中国农业科学技术出版社	2015	23.3
21	动物营养与饲料学理论及应用技术探究	王晓力	吉林大学出版社	2015	40.7
22	规模化养羊与疫病防控技术	朱新书	甘肃科学技术出版社	2015	39.2
23	河西走廊退化草地营养动态研究	周学辉　杨红善　常根柱	甘肃科技出版社	2015	42.0
24	家庭农场肉牛兽医手册	张继瑜	中国农业科学技术出版社	2015	21.9
25	牛病临床诊疗技术与典型医案	刘永明　赵四喜	化学工业出版社	2015	98.4
26	牛常见病中西医简便疗法	严作廷　刘永明	金盾出版社	2015	23.1
27	若尔盖高原常用藏兽药及器械图谱	尚小飞　潘虎	中国农业科学技术出版社	2015	27.4

（续表）

序号	论著名	主　编	出版单位	年份	字数（万字）
28	兽用药物残留研究及现状	梁剑平　郝宝成　刘宇	北京工业大学出版社	2015	28.0
29	优质羊肉生产技术	牛春娥	中国农业科学技术出版社	2015	24.8
30	中国农业科学院兰州畜牧与兽药研究所科技论文集2013	杨志强　张继瑜　王学智　周磊	中国农业科学技术出版社	2015	72.2
31	中国农业科学院兰州畜牧与兽药研究所科技论文集2014	杨志强　张继瑜　王学智　周磊	中国农业科学技术出版社	2015	120.8
32	分子生物学核心理论与应用	王晓力	中国原子能出版社	2015	65.2
33	中国农业科学院兰州畜牧与兽药研究所规章制度汇编	杨志强　赵朝忠	中国农业科学技术出版社	2015	39.3
34	农业科研单位常用文件摘编	杨志强　赵朝忠　王学智　肖堃	中国农业科学技术出版社	2015	42.2
35	猪病临床诊疗技术与典型案例	刘永明　赵四喜	化工出版社	2016	56
36	藏羊科学养殖实用技术手册	梁春年	中国农业出版社	2016	21
37	羊病防治及安全用药	辛蕊华　郑继方　罗永江	化学工业出版社	2016	26.1
38	青藏高原绵羊牧养技术	王宏博	甘肃科学技术出版社	2016	32
39	绵羊营养与饲料	王宏博	甘肃科学技术出版社	2016	30
40	放牧牛羊高效养殖综合配套技术	朱新书	甘肃科学技术出版社	2016	24
41	西部旱区草品种选育与研究	杨红善　常根柱	甘肃科学技术出版社	2016	33
42	细毛羊生产技术	郭健	甘肃科学技术出版社	2016	24
43	生态土鸡健康养殖技术	蒲万霞	甘肃科学技术出版社	2016	27
44	传统中兽医诊病技巧	郑继方　罗永江　辛蕊华	中国农业出版社	2016	29.6
45	鸡病防治及安全用药	李锦宇　谢家声	化学工业出版社	2016	26.8
46	猪病防治及安全用药	罗超应　王贵波	化学工业出版社	2016	29.7
47	犬体针灸穴位刺灸方法	罗超应　王贵波	化学工业出版社	2016	视频
48	天然产物丁香酚的研究与应用	李剑勇　杨亚军	中国农业科学技术出版社	2016	32.5
49	比较针灸学	罗永江　郑继方　辛蕊华	中国农业出版社	2017	32

（续表）

序号	论著名	主编	出版单位	年份	字数（万字）
50	牛病中兽医防治	严作廷　李锦宇	金盾出版社	2017	25.7
51	西藏牧草繁育研究进展	李锦华	甘肃省科学技术出版社	2017	31
52	畜产品质量安全知识问答	高雅琴	中国农业科学技术出版社	2017	20
53	青贮饲料百问百答	王春梅　王晓力	中国农业科学技术出版社	2017	13.2
54	基地种植管理技术手册	张怀山　杨世柱　代立兰	甘肃科学技术出版社	2017	23
55	基地养殖管理技术手册	张怀山　杨世柱　韩庆彦	甘肃科学技术出版社	2017	23
56	常见毛用动物毛纤维质量评价技术	李维红	中国农业科学技术出版社	2017	13
57	高效液相色谱技术在中药研究中的应用	李新圃　罗金印　李宏胜　杨峰	甘肃科学技术出版社	2017	13.2
58	禽病临床诊断技术与典型医案	刘永明　赵四喜	化学工业出版社	2017	26.9
59	牦牛科学养殖与疾病防治	郭宪	中国农业出版社	2017	28.5
60	苜蓿生产中常见问题解答	张茜	中国农业科学技术出版社	2017	16.6
61	中国农业科学院兰州畜牧与兽药研究所论文集（2011）	杨志强　张继瑜　王学智　周磊	中国农业科学技术出版社	2017	57.5
62	中国农业科学院兰州畜牧与兽药研究所论文集（2015）	杨志强　张继瑜　王学智　周磊	中国农业科学技术出版社	2017	52.6
63	中国农业科学院兰州畜牧与兽药研究所中央级公益性科研院所基本业务费专项资金项目（2006—2015）绩效评价	杨志强　张继瑜　王学智　曾玉峰	中国农业科学技术出版社	2017	35
64	中国农业科学院兰州畜牧与兽药研究所年报2015	杨志强　赵朝忠　张小甫	中国农业科学技术出版社	2017	26.7
65	中国农业科学院兰州畜牧与兽药研究所规章制度汇编	杨志强　赵朝忠	中国农业科学技术出版社	2017	60.6

第六章　创新团队评价分析

第一节　人员结构分析

研究所目前共有 8 个团队，93 人进入院科技创新工程。其中首席 8 人，骨干 37 人，助理 48 人；首席平均年龄 51.5 岁，骨干平均年龄 49.3 岁，助理平均年龄 37.4 岁；高级职称人员 50 人，其中研究员 18 人、副研究员 32 人，助理研究员 43 人；博士学位人员 41 人，硕士学位人员 31 人，本科及以下人员 21 人（表 6-1）。

表 6-1　创新团队总体情况

团队名称	首席	骨干		助理	
		人数	平均年龄	人数	平均年龄
牦牛资源与育种	阎　萍	5	43.8	6	36.5
奶牛疾病	杨志强	5	55.2	7	36.0
兽用天然药物	梁剑平	5	48.0	4	37.2
兽用化学药物	李剑勇	4	46.3	5	37.4
兽药创新与安全评价	张继瑜	5	49.8	4	39.3
中兽医与临床	李建喜	5	50.6	6	35.5
细毛羊资源与育种	杨博辉	4	50.2	4	40.0
寒生、旱生灌草新品种选育	田福平	4	50.5	12	37.6

第二节　成果产出分析

2014—2017 年，研究所共发表科技论文 572 篇，其中 SCI 收录 140 篇，累计影响因子 242.09；出版著作 64 部，获得各级科技成果奖励 36 项，其中省部级奖励 19 项；获得国家畜禽新品种 1 个（高山美利奴羊），牧草新品种 3 个（中兰 2 号紫花苜蓿、陇中黄花矶松和航苜 1 号紫花苜蓿），获得国家二类新兽药证书 2 项，三类新兽药证书 5 项，授权专利 828 项，其中发明专利 117 项，授权软件著作权 10 项；颁布国家标准 3 项，农业行业标准 5 项。

与实施创新工程前的 4 年（2010—2013 年）相比，研究所实施创新工程后获奖数量是实施创新工程前的 1.39 倍、SCI 论文数量是 2.92 倍、影响因子是 3.70 倍、著作数量是 1.94 倍、授权专利数量是 9.52 倍（发明专利数量是 3.44 倍）、新兽药证书是 2.33 倍（图）。

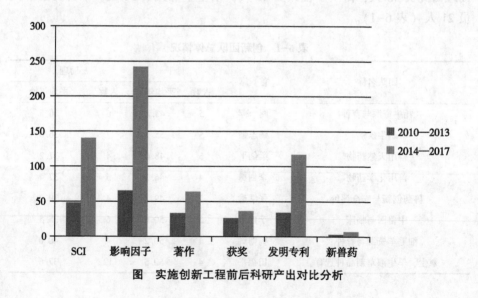

图　实施创新工程前后科研产出对比分析

第三节　发展趋势分析

研究所成立 60 多年来，坚持瞄准我国养殖业生产中的全局性、前瞻性、关键性重大科学技术问题，深入开展畜牧兽医科学研究，形成了畜牧学科、兽药（天然药物、化学药物）学科、兽医（中兽医）学科及草业学科 4 个相互关联、互相促进的一级学科。

自中国农业科学院创新工程实施以来，研究所突出特色，围绕畜牧学、兽药学、中兽医学和草业学"四大"优势学科确定目标与任务，凝练科研选题，在关键科技创新和重大科技成果培育中取得了明显的成效。研究所充分发挥草畜遗传育种传统优势，先后成功培育出中兰 2 号紫花苜蓿（2017 年）、中天 1 号紫花苜蓿（2018 年）、陇中黄花补血草（2018 年）3 个优质抗逆牧草国家新品种和 4 个省级牧草新品种；继 2005 年培育成功大通牦牛国家新品种后，又连续培育出高山美利奴细毛羊（2015 年）和阿什旦无角牦牛（2019 年）2 个国家家畜新品种，凸显了畜牧学科在本土化大家畜育种方面的优势地位；研制出塞拉菌素、五氯柳胺这 2 个国家二类新兽药，苍朴口服液、射干地龙颗粒、板黄口服液、根黄分散片、霍芪灌注液、乌锦颗粒这 6 个国家三类中兽药，国家一类新兽药"阿司匹林丁香酚酯"研发取得突破性进展，巩固了在中兽医药、兽用化学药物和天然药物研发领域中的国内领军地位。但是，对标国际国内一流机构、一流学科，研究所学科建设尚有很大差距和不足，突出表现在几个方面：一是学科板块化明显、交叉融合不够，四大学科之间尚未形成科学高效的融合互促机制。二是新兴学科建设滞后。从"十二五"以来承担的项目来看，研究所承担的国家自然科学基金项目主要集中在基因组学、蛋白质组学和代谢组学研究等方面，在免疫和药理方面略有涉及；在国家重点研发计划、国家科技支撑计划、行业专项及地方计划等层面，主要集中在畜禽健康养殖及主要疾病防控新技术、新产品的研究及推广示范，存在学科发展纵深度不足、引领力不强、对产业发展的支持力度不够等问题，没能培育出、扶持起新兴学科，尚未形成新的学科增长点。三是多年来主要围绕牛羊及牧草新品种培育、兽用化学药物及中兽药创制、畜禽普通病等开展研究工作，但是在动物繁殖新技术、动物营养调控、兽医临床诊断、动物疾病治疗、中兽医理论与临床应用、生物制剂、牧草抗逆机理、畜产品质量安全等领域投入精力较少，有些方面未能延续或保持传统学科优势，甚至出现了后继无人的现象。

面对新时代中国特色社会主义发展的新目标、新任务、研究所能否准确把握农业科技创新的新形势、新要求，能否紧紧抓住新机遇、积极应对新挑战，关系到未来的前途和命运。为更好适应农业供给侧结构性改革，满足动物源性食品需求从数量型向质量型和个性化高品质转型的需要，研究所将立足四大学科现代化发展，努力发挥好农业科研国家队的作用，主动对标农业发展国际前沿、国家重大需求谋篇布局、强化支撑。

一是强化动植物新品种培育，助力国家种业振兴。围绕保障种业发展安全，发掘、利用青藏高原、黄土高原地区丰富的动物遗传资源，切实抓好高原牦牛、细毛羊和牧草资源与育种研究推广工作。

二是强化草牧业研究，助力国家绿色发展战略实施。加大寒生、旱生灌草新品种选育推广力度，开展中西部退耕还林地区草牧业均衡发展模式研究，为西部地区水土资源涵养、荒漠环境改良、高原寒冷地区生态建设，加快草牧业振兴提供技术支持。

三是强化新型化学药物、中兽药创制，助力兽医公共卫生保障。立足保障公共卫生安全、养殖业生产安全的实际需要，充分发挥新型兽药创制与中兽医药绿色防治动物疾病的学科优势，加快兽用抗生素替代品、新型抗菌抗病毒抗寄生虫药物研发，集成示范抗生素减量使用综合技术模式，促进养殖业和动物产品加工业健康发展。

四是强化中兽医药理论实践研究，助力中兽医药产业现代化发展。以养殖业发展需要为导向，按照"三效"（高效、速效、长效）、"三小"（剂量小、毒性小、副作用小）和"三便"（使用方便、储存方便、运输方便）原则，抓好新型中兽药产品研发工作。

下一步，研究所将坚持"三个面向""两个一流"发展定位，以院科技创新工程全面推进期为抓手，全面梳理、调整学科布局；坚持"顶天立地"原则，强化基础研究和应用研究，提升科研成果产出质量和效率；坚持目标导向和问题导向，加快解决四大学科板块化明显、交叉融合不够，新兴学科、交叉学科建设滞后，一些团队学科交叉、定位不清、方向不明，高层次科研领军人才缺乏，高层次科研平台缺乏，科技成果转化能力不强等几大瓶颈性问题。

一是全力推进学科团队建设。立足研究所发展实际，对学科方向进行再梳理再定位。对8个创新团队学科方向进行再凝练、目标再明确、任务再聚焦、人员再优化。优化资源配置，确保优势资源向优势学科、优势团队集聚。

二是全力推进人才队伍建设。坚持"引育并举、以育为主",加强人才队伍建设。集聚资源培育、引进高水平首席科学家,柔性引进行业顶尖专家指导团队学科发展,大力培育团队首席后备人才,培养有国际视野的中青年科技人才,支持创新性、探索性科研选题,创造条件让想干事、能干事、能担当、愿拼搏的年轻科研人员有机会、有舞台、有发展空间。

三是全力推进科研平台建设和成果培育。立足优势学科,积极争取国家级平台,谋划建设国际级平台。用好用足用活省部级平台,积极与创新型企业联合建设产品开发转化应用平台。谋划建设国家中兽药科技创新工程中心、国家西部牛羊新品种遗传育种和繁殖基地等平台。对标农业科技国际前沿,加强基础理论创新,培育高水平科技论文;面向国家重大需求、农业科技主战场,孵化重大科技成果,提高重大科技成果转化效率,在牦牛、细毛羊和原创新兽药研究等方面取得实质性进展,为争取国家奖创造条件。

第四节　调整改进措施

1. 总体调整优化方案

研究所紧密围绕国家农业科技发展需求,坚持创新,突出特色,立足研究所畜牧、兽医两大学科集群,以"畜、药、病、草"四大学科为重点,不断调整学科布局,拓展研究方向,集中科技力量,进一步强化在草食动物遗传繁育、兽用药物创制、中兽医药研究、牧草新品种选育等方面的优势和特色,做强兽医临床、动物营养等学科领域,重点培育牛羊分子育种、针灸与免疫、兽药残留检测、牧草航天育种等研究方向,积极拓展兽医精准诊疗、兽药安全评价、畜产品质量安全、组学工程等创新方向,打造新的学科增长点,形成学科建设可持续发展的机制,提升学科核心竞争力和影响力。

到 2020 年年末,在创新工程的引领下,8 个团队的整体科研水平将显著提高,服务畜牧产业能力显著增强。牛羊新品种遗传育种学科整体达到国内领先水平,部分达到国际先进水平,成为西部地区牛羊育种中心;兽药学科在新兽药创制方面达到国内领先水平;中兽医学科在中兽医基础理论研究和新技术创制方面达到国际领先水平;草业学科在优质抗逆牧草新品种培育研究方面达到国内先进水平;兽医临床学科达到国内领先水平,成为我国功能相对完善的动物疾病临床诊疗科研基地。

2. 分团队调整优化措施

（1）牦牛资源与育种团队。

定位：瞄准国际前沿，立足当前畜牧业发展要求，挖掘利用牦牛遗传资源，建设成为国内领先或国际先进的创新团队。

目标：建立牦牛分子辅助育种的理论基础和创新技术体系，提升牦牛种质资源发掘、评价与综合利用能力，完善重要分子标记辅助及基因聚合育种研究；完善人才引进与培养机制，引进博士或博士后 1~2 名，形成创新能力较强的人才队伍；围绕国家重大需求，优化和拓展肉牛遗传育种学科方向，加强牦牛种质资源评价与利用、牦牛新品种培育及其机制的研究等学科方向的建设，重点培育动物高原适应性生态学、牦牛营养代谢学、畜产品加工利用、疾病综合防治等新技术等交叉学科；完成阿什旦牦牛新品种初审，获得省、部级奖励 3 项。

重点方向：牦牛种质创新利用及品种培育、牦牛重要经济性状基因功能验证、高原极端环境适应的遗传机制解析。

重点任务：①牦牛育种素材创制及应用：采用四级繁育技术体系结合分子标记辅助选择技术培育无角牦牛新品种；阐明长毛性状发生机理并固定长毛性状，选育长毛型白牦牛特色景观型新品种；挖掘肃南牦牛优良遗传资源，改良牦牛提质增效；②牦牛重要性状遗传机理研究：利用多重组学技术挖掘牦牛重要生产性状候选基因，揭示其遗传机理，阐明主效基因作用机制；③牦牛高原低氧适应性研究：寻找高寒低氧胁迫下特异表达的基因及调控因子，阐明牦牛适应高原低氧环境机制。

（2）奶牛疾病团队。

定位：在奶牛疾病诊断、监测和疾病防控等技术领域率先取得重大突破，引领带动我国奶牛疾病防控的科技创新和新兽药产品创制，支撑现代奶牛养殖业的发展。

目标：围绕我国奶牛养殖业规模化、标准化养殖过程中的重大产业需求和科学问题，主要开展奶牛乳房炎、子宫内膜炎、营养代谢病等疾病的诊断与防治新技术、新方法以及发病机理研究，研制新型高效安全防治药物，建立奶牛健康养殖配套疾病综合防控关键技术。建立奶牛乳房炎和子宫内膜炎主要病原菌菌种库，阐明奶牛乳房炎、子宫内膜炎、营养代谢病等疾病的发病机制，研制出奶牛乳房炎和子宫内膜炎主要病原菌快速诊断技术，研制出奶牛乳房炎、子宫内膜炎、胎衣不下、犊牛肺炎和前胃迟缓防治药物，建立围产期奶牛营养代谢病防控技术以及微量元素的调控机制，集成组装 2~3 套适合我国不同养殖区域的奶牛疾病综合防控技术规范。

重点方向：奶牛乳房炎、子宫内膜炎、营养代谢病、肢蹄病等疾病发病机理与诊断技术研究；奶牛普通病高效安全防治药物和疫苗研究。

重点任务：①奶牛乳房炎、子宫内膜炎、蹄叶炎、胎衣不下和营养代谢病的发病机理研究；②奶牛乳房炎、子宫内膜炎、营养代谢病和肢蹄病等流行病学调查研究与早期诊断监测技术研究；③治疗奶牛重要疾病的新型高效药物创制及综合防控技术集成与示范研究。

（3）兽用天然药物团队。

定位：加大基础研究和应用开发研究力度，切实解决畜牧养殖业中存在的重大实际问题，争创国际先进水平的优秀创新团队。

目标：①在科技创新方面，紧跟科研前沿，开展前瞻性基础科学研究，注重原创理论研究发现，提升团队学术影响力和整体基础科研创新能力，每年发表高水平 SCI 文章 3~5 篇，申请国家发明专利 3~5 项；②在人才建设方面，通过多渠道外部专家级人才引进、紧缺专业人员招聘和内部团队人员培养相结合，侧重新兴研究方向专业人才补充，积极促进团队人才建设上新水平；③在学科建设方面，积极谋划团队学科布局，吸纳生物合成学等新兴先进学科进入团队，补短板，促建设，努力创建学科布局平衡的创新性科研学科团队；④在平台建设方面，切实加强国内外学术交流和合作，积极创造条件，从团队不断向前发展的总要求下，建立更多有影响力和积极意义的学术交流和科研平台 1~2 个；⑤在成果培育方面，积极开展绿色天然新兽药创制和产业化，加快促进兽药创新产品成果转化，不断加强产业支撑能力，切实解决牧养殖业中重大实际问题，注重国家级重大成果的培育孵化 1~2 项，不断提升团队知名度。

重点方向：兽用天然药物创制与开发、微生态制剂研究与开发。

重点任务：①以天然药用植物有效成分为基础的新兽药创制，重点开展丹参、苦豆子、青蒿、常山、茶树精油等多种天然药用植物提取物抗菌、抗病毒、抗寄生虫药理活性研究，申报新兽药；②药用微生物功能菌的药用成分生物合成机理研究、结构修饰及衍生物的系列合成，筛选一类兽用新药物；③以微生态制剂及天然植物提取物为基础的药用饲料添加剂的创制。

(4) 兽用化学药物团队。

定位：立足西部、面向全国，以我国畜禽及宠物各类动物疾病防治药物的创制为目标，开展相关的基础与应用研究，提高兽药自主研发水平，保障畜禽养殖业健康发展，促进公共卫生安全。

目标：以兽用化学药物的创制为目标，形成在国内外具有较高知名度、创新能力强、团队协作能力强、国内领先的兽药创制研究团队。在未来 3 年内，基本完成一类新兽药候选药物 AEE 的各项研究内容，研制兽药新制剂 1 项，引进或培养团队骨干 1 名。

重点方向：创新兽药设计理论、方法与技术研究；兽药调控机制、质量控制标准与兽药评价；新型抗炎、抗菌、抗寄生虫原料药；新型、安全、高效兽用药物制剂。

重点任务：防治畜禽及宠物疾病一类化学新兽药的创制；高效、安全防治畜禽疾病药物新制剂的研制；兽药活性分子、先导化合物的设计、发现。

(5) 兽药创新与安全评价团队。

定位：围绕国家食品安全与畜牧养殖业可持续健康发展的重大需求，开展创新兽药应用基础和应用研究，达到国内领先水平，部分研究达到国际先进水平。

目标：①在科技创新方面，开展兽药制备新技术研究，包括难溶性药物包被技术、长效制剂制备技术等 2~3 项，取得创新兽药新产品 2~3 个；建立原虫、螨虫药物活性成分筛选及分离技术，获得抗原虫、螨虫活性化合物 2~3 个；开展牛源肠科细菌耐药性机理研究，为阻断牛源大肠杆菌病原的传播提供策略；②在人才建设方面，加强团队人才建设，引进相关专业人才，培养团队骨干 1 名，争取培养国家优青 1 名，提高团队成员学历水平，委派团队成员出国进行访问学习；③在学科建设方面，通过加强兽药学科建设，取得创新兽药新产品，并在兽药基础理论和技术方法上取得显著进展，为药物创制奠定坚实基础，为提升我国兽药创新水平和兽药行业国际竞争力做贡献；④在平台建设方面，依托农业部兽用创制重点实验室、甘肃省新兽药工程重点实验室，以创新工程研究为需求，购置、补充各类仪器设备及软件平台，提高团队的硬件条件；⑤在重大成果培育方面，获得 2 项国家二类新兽药证书，力争培育国家科技奖 1 项。

重点方向：新兽药制备新技术、药物靶标筛选与活性成分分离、细菌耐药性。

重点任务：①新兽药制备技术：包括抗菌、抗寄生虫兽药新制剂制备技术研究；②药物靶标筛选与活性成分分离：包括抗动物螨虫、蠕虫和原虫药物靶标筛选与活性成分提取分离技术研究；③细菌耐药性研究：包括肠道菌耐药机理、耐药性传播机制和防控策略研究。

（6）中兽医与临床团队。

定位：建成合作精神好、创新意识强、科研素质高的世界一流科研创新团队，中兽医药防病技术研发处于世界领先水平。

目标：①在科技创新方面，立足中兽医药学辨证施治理论基础与防病优势，通过中兽医药防病抗病技术创新，促进世界传统兽医学学科发展和科技进步，发挥中兽医药在畜禽健康疾病防治中的作用，支撑饲料添加类抗生素全面禁用与病原菌耐药性控制战略行动；②在人才建设方面，适时补充新生力量、完善知识结构，实现相对稳定基础上的动态化，培育在中兽医药领域具有较大影响力的领军人才，引进或培育1名符合中国农科英才水平的科研骨干，培养掌握中兽医生物技术的科研助理2~3名，招收博士硕士研究生3~5名；③在学科建设方面，扩大中兽医免疫学科建设，继续培育中兽医药防治宠物疾病新技术创新学科，优化抗感染性中兽药创新方向，建设中兽医药替代抗生素防病技术研发的学科方向，构建中兽医分子生物学；④在平台建设方面，继续加强中兽医诊断、中兽药复方配伍、兽医针灸、中兽药中试、中兽医细胞生物学等实验室建设，积极申报中兽医药省部级重点实验室、中兽医标准委员会、OIE传统中兽医协同中心等。

重点方向：研发中兽医精准诊断技术，创制中兽药复方新药，集成与示范中兽医药防病技术。

重点任务：①在基础研究方面，主要开展畜禽疾病中兽医辨证客观化研究，中兽药免疫药理机制研究，中兽医药资源数据收集、整理与利用，针灸效应物质基础研究等；②在应用基础研究方面，主要开展畜禽疾病中兽医诊断新技术研究，中兽药方剂与新药创制，中兽医药标准化控制技术研发等；③在应用研究方面，主要开展中兽医药防病技术提质增效研究，宠物疾病中兽医防治技术集成与示范，基于中兽医药的抗生素减量化技术集成与示范等。

（7）细毛羊资源与育种团队。

定位：开展绵羊资源和细毛羊与肉用绵羊育种应用基础研究与应用研究，学科和创新团队达到国内领先或国际先进水平。

目标：培育国家级科技奖励1项，获得省部院级科技奖励2项，举办国际会议 1 次，培养或引进首席后备、骨干及助理人才 3 人，培养博硕士研究生 10 人。

重点方向：绵羊遗传资源发掘和细毛羊与肉用绵羊新品种培育及产业化，绵羊育种理论技术与方法创新，肉羊绿色发展技术研究。

重点任务：绵羊重要性状多组学精准调控机理和常规集合分子育种技术体系研究，高山美利奴羊和肉用绵羊新品种培育及产业化，肉羊绿色发展技术集成模式研究与示范。

（8）寒生旱生灌草新品种选育团队。

定位：在优质抗逆牧草新品种选育方面达到国内先进水平。

目标：①在科技创新方面，围绕国家草业科技战略目标，重点解决草产业发展全局性、战略性、关键性的品种选育问题。在全面推进期整理整合寒生、旱生灌草基因资源 1 500 份，评价鉴定 800 份种质资源材料，繁殖更新 600 份种质材料，获得优异基因资源材料 35 份，培育牧草新品种 2~5 个，选育新品系 15~20 个；②在人才建设，引进骨干 1 人，培养骨干 1~2 名，培养研究生 2~5 名，培训农牧民及科技人员 100 人次；③在学科建设方面，重点培育牧草航天育种学科；④在平台建设方面，重点加强牧草分子育种实验室、航天育种实验室的建设，建立和完善 1 个具有西部特色的牧草标本室；⑤在成果培育方面，获省部院级科技奖励 1 项，其他科技奖励 3 项。

重点方向：灌草资源保护与利用、旱生牧草新品种选育。

重点任务：①抗旱耐寒牧草新品种选育：以寒生旱生牧草种质资源研究为基础，以品种培育为目标，解决我国寒区旱区饲草新品种不足的瓶颈，开展抗旱耐寒牧草新品种选育；②牧草航天诱变新品种选育：主要开展苜蓿、燕麦、红三叶、中间偃麦草等航天牧草种质资源的诱变及种质资源创制，研究航天诱变机理，开展航天牧草新品种选育。

第七章　主要做法和体会

研究所通过内部运行机制创新，优化科技资源配置，激发了研究人员的创新潜能，提高创新活力和效率，促进了全所各项事业的跨越式发展。

1. 提高认识是前提

创新工程的启动和实施具有十分重要的现实意义和重大的历史意义。研究所广泛宣传，全体参与，多次召开干部专题会、职工大会，宣讲创新工程的重要性，统一认识，统一行动，调动了实施创新工程的自觉性和积极性，增强了科研人员做好创新工程的责任感和使命感。全所职工充分认识到，创新工程是中国农业科学院"一号工程"，在兰州牧药所就是"特号工程"，他的启动和在研究所的顺利实施，不仅增加年度科研经费30%，而且对正在快速发展中的兰州牧药所而言，是千载难逢的历史机遇，对稳定人才队伍、加强学科建设都将产生十分重要的作用。

2. 机制创新是抓手

研究所实施创新工程中，突出机制创新，建立了适应实际的一套管理办法，以定岗、定员、定酬为核心的开放、竞争、流动的用人机制，以基本工资、岗位津贴和工作绩效为框架的三元薪酬机制，以分级考核、量化考核为手段的考核评价机制，以科研能力和创新成果为导向的绩效奖励机制。这些内部机制的建立和逐步完善，有力地促进了科技创新和科研产出。

3. 人才队伍建设是关键

研究所按照实际情况，坚持培养和引进并重的原则，一方面积极加大对领军人才的培养，选派出国或在国内培训，提高自身能力；另一方面重视对青年人才的培养，鼓励青年科技人员在职攻读学位，提高业务水平。这样既可以调动研究所现有青年人才的工作积极性，也可以鼓励青年人才在工作中锻炼成长，逐步增强研究所招聘人才的吸引力。

4. 条件平台建设是基础

成立研究所"十三五"发展规划领导小组，厘清研究所学科发展思路，制定研究所条件建设发展规划，积极争取基建和修购项目，为科技创新搭建更好的平台，并积极推进共建共享，充分发挥创新平台对科技的支撑作用。

5. 国际合作交流是窗口

利用研究所学科特色优势，积极开展国际交流合作。成功举办首届中兽医药学国际学术研讨会和第五届国际牦牛大会，先后开展国际科技合作项目5项，分别与西班牙、泰国、德国、澳大利亚、苏丹等国家的高校和研究机构签订科技合作协议7份。

6. 严格经费使用是保障

以安全、效率为目标，切实抓好创新工程财务和资产管理工作。严格执行财务管理法规，制定《兰州畜牧与兽药研究所科研经费信息公开实施细则》等办法制度，加强科研经费使用内控机制建设，强化经费监管四个责任，设置创新团队财务助理，统一管理，层层把关，保证研究所创新经费使用合规合法。

第八章　存在的主要问题和建议

近年来，在创新工程的引领下，研究所各项事业取得了长足发展。这得益于中国农业科学院的正确领导，得益于科技创新工程的顺利实施，得益于全所职工的勤奋努力。但是，研究所的发展和创新工程实施中也面临着一些困难和问题。主要表现在以下几个方面。

1. 创新机制不健全

机制创新是保证创新工程实施并取得预期成效的重要前提。创新工程的实施是最大限度的激活科技人员的积极性和创造性。目前创新机制不健全，研究所只能对于干的好人员实行奖励，对于干不好或不能胜任工作的人员，无法进行更有效的安排。在分配方面，因为创新工程经费管理与一般科研项目管理趋同，进入创新工程人员与没有进入创新工程的人员收入拉不开差距，在一定程度上影响了进入创新团队成员的工作积极性。建议中国农业科学院在创新工程实施中，能够开辟相关政策渠道，在人事管理上采取更加灵活的管理办法或在经费管理中划出一定比例经费专门用于提高创新团队成员的待遇，给予创新工程团队成员更多的利益回报。

2. 科研领军人才缺乏

人才是创新的第一资源。多年来，在科研人才队伍建设上，研究所虽然坚持培养和引进并重，取得了一定成效。但受区域自然环境和研究所自身经济条件的限制，人才尤其是青年英才的引进十分艰难。动物营养与中兽医学人才严重缺乏，虽然也出台政策鼓励青年科技人员在职攻读学位，但人数偏少，难以满足事业发展的需要。为此，建议一：通过创新工程，针对边远艰苦地区的研究所设立类似于国家"西部之光"的中国农业科学院专项人才引进或培养计划，"不求所有，但求所用，来去自由，合同管理"，既可在院内委派，也可在院外招聘，在招聘数量、条件和待遇等方面给予一些特殊政策，以吸引优秀人才到西部工作；建议二：在专业技术职务评审和研究生招生指标上，能给西部研究所一定的倾斜和支持，这样既可调动研究所现有青年人才的工作积极性，更能增强研究所引进人才的吸引力。

3. 绩效考核短期化

目前，研究所所列考核内容突出成果、论文、专利等指标，有绩效考核短期化之弊，可能会导致科研人员为应付年度考核，急于发表论文、急于鉴定成果、急于申报小奖励，科学研究会停留在低水平研究阶段和追求数量的层面，难以取得突破性重大成果，在一定程度上也助长了创新团队的科研浮躁之风，不利于创新团队的学科建设和学术创新。建议中国农业科学院大力营造良好的创新条件和宽松环境，对不同研究所按照学科特色、产出特点和科研类型实行分类、分期（至少 3 年）考核试点，制定科研活动分类考核指标体系。对基础和前沿研究实行同行评价，突出中长期目标导向，评价重点从研究成果数量转向研究质量、原创价值和实际贡献；应用研究考核突出市场和产业发展。

4. 创新平台基础薄弱

研究所科技创新平台硬件设施与国际或国内、院内一些院所的水平存在不小的差距，至今缺乏国家级的科技平台。根据 4 个学科发展需求，研究所尚需建设国家中兽药工程技术研究中心、兽用化学药物合成实验室、兽用抗生素发酵实验室、西部草食家畜营养评价实验室、西北草食动物资源保存与创新中心（资源库）、西北中兽药资源保存与利用中心（资源库）、中国旱生牧草资源保存与创新中心、研究生公寓等。恳请院领导和相关部门继续在研究所平台建设上给予大力支持。

5. 国际交流合作亟待加强

在国际合作交流方面，国家严格控制出国经费预算，致使研究所国际合作计划中的出国访问计划难以实施，影响了科研人员的国际交流工作。另外，由于过去研究所与国际科研机构及高校的合作基础薄弱，严重缺乏国际合作渠道，致使研究所无论是优势学科还是薄弱学科国际合作项目较少。建议一：院相关部门对研究所在国际合作方面给予具体指导。建议二：创新工程经费中应有适当比例经费，用于科技人员出国参加学术活动、进行学术考察、短期培训和引进人才等。

6. 经费管理办法需进一步完善

科研经费使用的有关规定过于烦琐，预算的编制与调整、经费审计等导致团队首席与财务人员忙于事务。科研人员在实际工作中存在经费支出合理，但无法报销的情况。比如在偏远农牧区，科研人员购买农家物资（家畜、草料等）、临时用工和租用土地等，有的无法取得发票，更无处使用公务卡结算。建议根据农业科研工作特点，完善有关管理办法，解决实际工作中遇到的一些具体问题，以利于科研工作正常开展，提高科研效率；进一步完善科研项目间接费用管理办法，调动科技人员的积极性。

第九章 下一步调整思路与举措

1. 出台政策，加大人才引育力度

完善全员聘用管理办法、科研人员业绩考核办法、奖励办法、职称评审办法、青年英才管理办法等相关制度，着力从机制创新方面寻找突破口，统筹协调所内各种资源，改善科研人员创新环境，在薪酬待遇、定量考核、绩效奖励、职称评聘等多个环节为科研人员"开绿灯、畅通道"，做好方向指引，营造良好氛围，吸引优秀人才来所创新创业，促使所内优秀人才崭露头角，鼓励科研人员潜心钻研，进一步提高科技创新能力、学科竞争能力和学术引领能力，充分发挥人才作为创新第一要素的重要作用，锐意进取，确保科学研究的持续发展。

2. 瞄准定位，做好学科调整工作

根据世界科技发展趋势和国家发展战略需求，结合研究所自身科研特色，在院学科调整框架下，利用现代分子生物学、生物信息学等新方法、新理论，开拓新兴边缘学科和交叉学科的建设，在继承传统学科的基础上，进一步凝练、优化、完善学科及学科方向，重点加强中兽医药代谢组学、兽医临床精准诊疗、兽药筛选与安全评价、牛羊基因工程与繁殖、草地生态与治理、智慧畜牧业等方面的研究，提升团队学科建设水平，为研究所进一步开展科技创新做好战略布局。

3. 创新发展，促进成果培育转化

积极引导科研人员在注重科技创新的同时重视提高科技服务能力，强化成果转化意识，紧密贴近生产实际，及时了解市场需求，研发能在科技和产业发展中广泛应用、能够解决制约生产的关键技术瓶颈问题的科技成果。研究所将采取系列措施，通过搭建与政府、院校、企业、基地等产学研合作平台，构建专业化的成果转化平台和队伍，完善鼓励创新创业的科技成果转移转化机制，加强与企业的技术对接，加大科技成果的推介与宣传，促进科技成果的培育和转化。

4. 强化监督，确保经费合规使用

严格执行国家有关财经法规制度和《中国农业科学院科技创新工程经费管理办法》《中国农业科学院科技创新工程经费实施细则》的规定，不断完善研究所《财务管理办法》等制度，健全财务队伍，建立和完善研究所创新团队财务助理制度，定期开展财务交流和培训，统筹规划资金，加强信息化监管，确保创新工程专项经费、基本科研业务费专项资金等安全规范高效使用。

研究所将在中国农业科学院的领导和关怀下，紧紧围绕现代农业科研院所建设行动，适应经济社会新常态，瞄准学科前沿，突出特色优势，以只争朝夕的精神，凤凰涅槃的勇气，深入推进科技创新工程各项工作，全面完成"十二五"，认真谋划"十三五"，融入国家"一带一路"发展战略，力争在世界农业一流科研院建设中取得新的进展。

附件1：研究所科研团队人员汇总表

科研团队名称	首席姓名	团队实有人数						
		总数	骨干专家			研究助理		
			小计	固定	流动	小计	固定	流动
牦牛资源与育种	阎 萍	12	5	5	0	6	6	0
奶牛疾病	杨志强	13	5	5	0	7	7	0
兽用天然药物	梁剑平	10	5	5	0	4	4	0
兽用化学药物	李剑勇	10	4	4	0	5	5	0
兽药创新与安全评价	张继瑜	10	5	5	0	4	4	0
中兽医与临床	李建喜	12	5	5	0	6	6	0
细毛羊资源与育种	杨博辉	9	4	4	0	4	4	0
寒生旱生灌草新品种选育	田福平	17	4	4	0	12	11	1
合计		93	37	37	0	48	47	1

附件2：中国农业科学院兰州畜牧与兽药研究所科技成果转化管理办法

第一章　总则

第一条　为落实国家创新驱动发展战略，规范研究所科技成果转化活动，推动研究所科技成果快速转化应用，维护研究所和科研人员的合法权益，根据《中华人民共和国促进科技成果转化法》《实施〈中华人民共和国促进科技成果转化法〉若干规定》等国家有关法律法规，结合研究所实际，制定本办法。

第二条　本办法所指的科技成果是指主要利用研究所物质技术条件和财政性资金，通过科学研究与技术开发所产生的具有实用价值的职务科技成果。包括但不限于专利权、专利申请权、著作权、专有技术、品种、兽药、饲料等。

第三条　科技成果转化是指为提高生产力水平而对科技成果所进行的后续试验、开发、应用、推广直至形成新技术、新工艺、新材料、新产品，发展新产业等活动。

第四条　科技成果转化应遵守国家法律法规，尊重市场规律，遵循自愿、互利、公平、守信的原则，依照法律规定和合同约定，享受权益，承担风险，不得侵害研究所合法权益。

第五条　本办法中的科技成果转化不得涉及国家秘密。

第二章　组织与实施

第六条　科技管理处是研究所科技成果管理、转化和知识产权运营的专门职能机构，对研究所科技成果的使用、处置、收益、转化奖励和知识产权的运营等事项实施归口管理，负责科技成果转化相关的服务工作。主要职责如下：

（一）展示、宣传和推广研究所科技成果；

（二）知识产权的运营及维权，提供知识产权的申请、维持和统计服务；

（三）组织实施研究所科技成果转化；

（四）落实研究所科技成果转化年度报告；

（五）科技成果鉴定、登记及各级各类科技奖的申报组织；

（六）科技成果转化信息化平台的维护；

（七）与科技成果转化相关的技术、法律等支持。

第三章　实施与保障

第七条　科技成果可以采用向他人转让或许可该科技成果；以该科技成果作价投资，折算股份或者出资比例；自行投资实施转化；以该科技成果作为合作条件，与他人共同实施转化等多种方式进行转移转化。可以通过协议定价、在技术交易市场挂牌交易、拍卖等市场化方式确定价格。同时，研究所通过所长办公会议对重大科技成果转化项目进行决策。

第八条　成果转化协议定价必须公示，公示内容主要是成果名称、主要完成人、成果简介等基本要素和拟交易价格等，公示期为5个工作日。如公示期内无异议的，按程序办理成果转化的相关手续；如公示期内有异议的应中止交易，待核实相关情况后重新公示；异议必须实名并以书面形式向科技管理处提出。

第九条　研究所将科技成果转化的情况作为对个人及团队绩效考评的评价指标之一，在专业技术职务晋升和绩效考核中应体现科技成果转化。

第十条　科技成果许可和转让取得的收入全部留归研究所，由研究所财务统一管理、统一核算。扣除对完成和转化职务科技成果作出重要贡献人员的奖励和报酬后，应当主要用于科学技术研发与成果转化等相关工作，并对研究所成果转化工作的运行和发展给予保障。

第四章　科技成果转化

第十一条　进行科技成果转化时，科技成果负责人须将转化方案提前报科技管理处审核。

第十二条　通过许可方式实施科技成果转化，必须订立《技术许可合同》或《专利实施许可合同》，合同应约定：科技成果的名称和技术内容、许可的方式和范围、许可的年限和起止时间、实施过程中产生的科技成果归属、违约责任以及纠纷处理方式等。

横向科技合作中涉及科技成果许可使用的，应在合同中签订科技成果许可使用的条款并约定科技成果的许可费。

第十三条 《技术许可合同》或《专利实施许可合同》由科技管理处审核。《专利实施许可合同》按《专利法》及其实施细则规定向主管部门备案。

第十四条 通过转让方式实施科技成果转化，科技成果完成人（以下简称"完成人"）应协助科技管理处提供如下材料：

（一）完成人团队负责人申请报告；

（二）转让协议（草案）；

（三）拟转让的科技成果相关资料及清单；

（四）受让人基本情况；

（五）其他有关资料。

第十五条 对涉及国家安全、国家利益和重大社会公共利益的作价投资事项需向上级主管部门进行报批或备案的，由科技管理处按照有关政策法规办理。对列入《中国禁止出口限制出口技术目录》中禁止出口以及其他影响、损害国家竞争力和国家安全的科技成果，禁止向境外许可或转让。科技成果向境外转让、独占许可，报中国农业科学院审核后，报相关主管部门审批。

第十六条 经研究所批准，可以与中介机构签订书面合同对研究所科技成果实施转化。合同中应约定：委托转化的科技成果名称和内容、期限、地域、转化方式及相关费用等。

通过中介机构实施科技成果转化的，必须由研究所与科技成果实施方签订转化协议。

第五章 收益分配与奖励

第十七条 根据"科研院所开展技术开发、技术咨询、技术服务等活动取得的净收入视同成果转化收入"等相关规定，研究所成果转化收入包括转让、许可具有知识产权的技术或成果；转化审定（登记）品种、兽药等物化形式的科技成果以及检测、试验、咨询、评估、规划等科技能力所形成的净收入。科技成果转化净收入采用合同收入扣除维护该项科技成果、完成转化交易所产生的费用而不计算前期研发投入的方式进行核算。

第十八条 科技成果转化的净收入用于对成果完成人员和转化贡献人员的奖励和报酬，以及用于研究所技术转移体系建设、科学研究与成果转化等工作，按研究所每年最新修订的奖励办法及横向课题管理办法相应规定进行分配。

第十九条 科技成果转化收入资金到账后，成果完成团队负责人根据参与人员的贡献情况对奖励经费进行分配，并将分配申请表报送条件建设与财务处执行。

第二十条　因他人侵犯研究所科技成果收益或知识产权，取得的专利许可费、转让费和相关赔偿款，扣除因维权所支出的费用后，适用本办法第十七条的奖励和分配方案。

第六章　相关责任

第二十一条　科技成果完成人不得阻碍科技成果的转化，不得将科技成果及其技术资料占为已有，侵犯研究所的合法权益。

第二十二条　未经研究所允许，泄露研究所的技术秘密、商业秘密，或擅自实施、许可、转让、变相转让研究所科技成果的，或在科技成果转化工作中弄虚作假，采取欺骗手段，骗取奖励、非法牟利的，研究所有权收回其既得利益，并视情节轻重，给予批评教育、行政处分，且依法追究相关人员的法律责任；给他人造成损失的，有关人员依法承担民事赔偿责任；构成犯罪的，将依法移送公安机关处理。

第七章　附则

第二十三条　本办法由科技管理处负责解释。

第二十四条　本办法自公布之日起实施，之前研究所相关规定与本办法不一致的按本办法执行。

附件3：中国农业科学院兰州畜牧与兽药研究所科研平台管理暂行办法

第一条　为加快研究所科技创新体系建设，规范和加强研究所科研平台的管理，推动研究所科学研究工作的快速发展，根据国家有关法律、法规及相关文件精神，结合研究所科技工作实际，制订本办法。

第二条　本小法所指科研平台是指由各级政府部门批准设立，或中国农业科学院及研究所统筹规划培育建设的重点实验室、研究中心、工程中心、检验测试中心、观测试验站、研究基地、创新人才培养基地等科研机构。

第三条　科研平台是研究所科技创新体系的基础，科研平台以科学研究、科技开发和科技成果转化为主，目的是提升研究所整体科技实力，获取高水平科研项目和科技成果，吸引和培养高水平科技人才，促进国内外科技合作与交流。

第四条　研究所作为科研平台建设和运行管理的依托单位，负责平台建设项目的规划和管理。科技管理处作为对口管理部门，主要按照国家、省部、中国农业科学院等上级主管部门相应科研平台建设的管理办法，负责落实平台的组织机构建设、管理制度建设、研究人员聘任、申报材料的组织和初审、运行管理、建设发展等日常工作。

第五条　科研平台实行主任负责制。研究所学术委员会在研究所的领导下负责监督各级平台，负责审议研究所各类科技平台的建设目标、研究方向、重要学术活动、重大研究开发项目、对外开放研究课题、年度工作计划和总结等。

第六条　研究所科研平台坚持"边建设、边运行、边开放"的建设原则，实行"开放、流动、联合、竞争"的运行机制。科研平台的设立应有利于研究所科技工作和学科建设的持续、稳定和协调发展，有利于集成研究所相关资源、技术和人才优势，有利于加强对外技术交流与协作，有利于形成国内相关技术领域具有优势和特色的科研和人才培养基地。

第七条　研究所科研平台的立项与建设包括立项申请、审批、计划实施等，不同类型的科研平台实施不同的立项与建设模式。各级科研平台的立项与建设遵循相应主管部门的办法执行。

第八条　研究所科研平台应制定完善的管理规章制度，重视和加强仪器设备的管理，加强知识产权保护，对依托科研平台完成的研究成果包括专著、论文、软件等均应署名科研平台名称；重视学风建设和科学道德建设，加强数据、资料、成果的科学性和真实性审核及归档与保密工作。

第九条　各类国家级、省部级、院级科研平台的体制与管理遵循相关的办法执行。研究所直属科研平台按研究所的管理体制管理。

第十条　科技平台应加强对外开放力度，符合开放条件的仪器设备都要对外开放，建立对外开放管理记录，可通过仪器开放平台及时发布服务信息，包括团队组成及其科研业绩，各平台重要专业仪器设备的名称、功能及可提供对外服务等。

第十一条　研究所各类科技平台均须严格按照上级主管部门的明确考核要求，按计划进行考核和评估工作。

第十二条　本办法由科技管理处负责解释。

第十三条　本办法自公布之日起施行。

附件4：中国农业科学院兰州畜牧与兽药研究所学术委员会管理办法

第一条 为加快研究所科技事业发展，促进学术民主，加强学术指导，充分发挥专家在科技决策中的咨询和参谋作用，专门成立中国农业科学院兰州畜牧与兽药研究所学术委员会（以下简称所学术委员会）。

第二条 所学术委员会是由所内外具有较高学术造诣的专家代表组成的所级最高学术评议、评审和咨询机构。

第三条 所学术委员会的工作职责

1. 审议研究所科技发展规划，评审和论证重大科技项目，讨论学科建设、科研机构设置与研究方向调整等重大问题；

2. 评价和推荐所内科技成果；

3. 监督和管理所内各级科技平台；

4. 对人才培养和创新团队建设等进行评价、建议和推荐；

5. 对涉及学术问题的重要事项进行论证和咨询，评议和裁定相关的学术道德问题；

6. 审议研究所提交的有关国际合作与交流，举办的重大学术活动、科研合作以及其他事项；

7. 其他按国家或中国农业科学院及研究所规定应当审议的事项。

第四条 所学术委员会开展学术审议工作应坚持公正、公平、公开的原则，维护研究所学术声誉，发扬学术民主，倡导学术自由，鼓励学术创新，开展国际合作，加强学术道德建设。

第五条 所学术委员会由主任、副主任、委员、秘书组成。所学术委员会设主任1人，由所长兼任；副主任1~2名，由主任提名，所学术委员会全体委员选举产生；秘书1人，由主任指定，负责所学术委员会日常事务管理。

第六条 所学术委员会下设办公室，作为专门的日常办事机构，挂靠科技管理处。

第七条 所学术委员会由 15～20 名高级技术职称人员组成，包括必选专家、所内专家和所外专家三部分。

1. 必选专家。包括所长、分管科研业务的副所长、科技管理处处长（兼任所学术委员会秘书）。

2. 所内专家。所内学术委员会成员以研究室为单位民主酝酿，提出差额选举委员候选人名单；召开全所科技人员大会，无记名投票选举产生委员建议名单。

3. 所外专家。由所外同学科领域的知名专家组成，所外专家人数不少于委员总人数的 1/3，由所学术委员会主任提名产生。

第八条 所学术委员会组成人员建议名单经所长办公会议审议通过后，报中国农业科学院审批。

第九条 委员的基本条件

1. 热爱党、热爱社会主义祖国、热爱畜牧兽医科研事业，遵守和执行党的路线、方针、政策以及法律法规。

2. 在本学科领域有较高的学术地位和影响，道德品质高尚，坚持原则，顾全大局，清廉正派，办事公道，乐于奉献。

3. 对本学科的发展前沿和趋势具有较强的宏观把握能力、战略思维能力和文字、语言表达能力。

4. 具有高级技术职称。

5. 年龄原则上不超过 60 周岁（两院院士除外），身体健康。

第十条 所内退休人员一般不再担任委员。

第十一条 委员的权利、义务和职责

1. 在所学术委员会内部任职时，有选举权和被选举权。在决议所学术委员会重大事项时，有表决权和建议权。

2. 参加所学术委员会活动，承担并完成交办的任务。

3. 为研究所的学科建设、平台建设、人才与团队建设、科技创新、成果培育、国际合作与交流等工作提出咨询建议。

4. 维护研究所的形象和声誉，在学风建设、学术活动和科研工作中起楷模作用。

5. 对所学术委员会会议上讨论的问题及过程履行保密义务和责任。

第十二条 委员每届任期五年，可以连任。换届时应保留不少于 1/3 的上一届委员会委员进入新一届学术委员会，并注意学科、专业、年龄等的平衡。

第十三条　委员在任期间退休或离开工作岗位一年以上，即自行解聘其委员资格；对不能履行职责的委员，由所学术委员会提出解聘、调整和增补委员建议方案，报院学术委员会批复。

第十四条　所学术委员会在业务上接受院学术委员会的归口管理和指导。

第十五条　本办法自印发之日起施行，由科技管理处负责解释。

附件5：中国农业科学院兰州畜牧与兽药研究所研究生管理暂行办法

为做好研究生的培养和管理工作，保障研究生在研究所期间的学习、生活和工作等方面顺利进行，保证学生身心健康，促进研究生德、智、体、美全面发展，提高研究生培养质量，按照教育部《普通高等学校学生管理规定》和中国农业科学院研究生院学生管理的有关规定，结合研究所实际情况，特制订本办法。

第一条 适用范围

研究所研究人员作为第一导师招收的硕士研究生和博士研究生。

第二条 学生在所期间依法履行下列义务

（一）遵守宪法、法律、法规，遵守研究所各项规章制度。

（二）按规定缴纳学费及有关费用。

（三）遵守学生行为规范，尊敬师长，养成良好的思想品德和行为习惯，努力学习，完成规定学业。

第三条 学生在所期间的注册与考勤制度

（一）所有研究生到所时，必须到科技管理处登记注册。

（二）研究生在所期间考勤由导师负责。

（三）研究生离所必须履行请假手续，请假应填写请假单，由导师签署意见后报送科技管理处备案。请假两周内，由指导教师签署意见后，研究所科技管理处主管领导批准。请假两周以上，经研究所科技管理处提出同意意见后，报研究生院研究生管理部门批准。

第四条 学生在所期间的住宿管理

（一）中国农业科学院中国学生住宿由研究所统一安排，留学生住宿由导师安排，免住宿费。

（二）研究生必须严格遵守研究所有关住宿管理的规定。不得带领、留宿其他社会闲杂人员；不得使用大功率的电器；不得在宿舍内酗酒，严禁打架斗殴；保持室内及公共区域卫生。

一经发现，情节较轻者扣发当月助研津贴，取消当年评优资格。情节严重者，扣发三个月助研津贴，取消当年评优资格，并按照《中国农业科学院研究生院研究生公寓管理规定》取消当事人住宿资格。

第五条　研究生助学金及在所实验期间津贴发放办法

为了鼓励研究生在学期间勤奋学习和创新进取，促进人才成长，对我所研究生在所实验期间的助学金和研究生津贴发放做如下规定：

（一）助学金发放标准

研究生助学金由所在学校发放。

（二）在所期间的研究生助研津贴发放标准

研究生助研津贴为研究生到研究所后开展论文研究工作所给予的补贴，津贴由导师负担，研究所统一发放。每学年科技管理处和导师对学生的政治思想表现、工作态度和工作质量进行考核，根据考核结果确定下一学年的津贴数额。

1. 国内学生

根据《中国农业科学院研究生助学金及助研津贴实施办法》全日制研究生津贴发放的标准为：硕士研究生 1 500 元/月，博士研究生 2 000 元/月。联合培养博士研究生在校学习期间 2 750 元/月，在研究所学习期间 3 750 元/月。非全日制硕士研究生在研究生院学习期间 1 500 元/月，在研究所学习期间 2 300 元/月。

2. 留学生

国家奖学金外国留学生助研津贴由国家留学基金委发放。北京市政府外国留学生奖学金和中国农业科学院研究生院外国留学生奖学金获得者：硕士 3 000 元/月，博士 3 500 元/月。

3. 研究所根据实际需要为研究生发放用餐补贴 600 元/月。

第六条　论文发表管理规定

（一）研究生在所期间参与试验产生的科研成果属研究所所有，研究生必须保守相关机密，不得泄密，因泄密产生的法律后果由泄密者承担。

（二）研究生科技论文和学位论文发表须得到研究所同意，实行备案制度，研究生在论文投稿之前必须经导师审核签字后方可投稿，发表论文须注明研究所为第一完成单位（通讯作者）。涉及核心技术的研究内容禁止公开发表。

（三）研究生在申请学位前必须按照规定向科技管理处提交已发表论文的复印件，经审核合格后方可申请学位。论文尚未公开发表但已有录用证明者，须附导师意见。

（四）因论文涉密而不能公开发表学术论文，研究生应在中期考核前向研究所提出论文保密申请并报研究生院批准，具体要求见中国农业科学院《关于涉密研究生学位论文管理的暂行规定》。

（五）研究生在发表学位论文中被发现有抄袭、剽窃、弄虚作假和一稿多投行为，经核实后视其情节轻重，按照《中国农业科学院研究生院学术道德与学术行为规范》《中国农业科学院科研道德规范》和《中国农业科学院关于学位授予工作中舞弊作伪行为的处理办法（试行）》处理，本人承担相应法律责任。

（六）研究生在攻读学位期间如未按规定发表学术论文，须在毕业前提交延期毕业申请并在规定年限内提出学位申请。

第七条　研究生组织管理

研究生由科技管理处和导师共同管理。成立由科技管理处专人负责的班级管理制度，现设一个班，分别推选正副班长各 1 名，负责研究生的管理服务工作。

第八条　本办法自 2019 年 1 月 1 日起执行。

附件6：中国农业科学院兰州畜牧与兽药研究所研究生导师管理暂行办法

为保证研究生培养质量，全面提高研究生指导教师（以下简称导师）队伍的整体素质，根据《中国农业科学院研究生指导教师工作条例》的有关规定，结合我所实际情况制订本办法。

第一条　导师应遵守国家宪法和法律，热爱教育事业，品行端正，作风正派，治学严谨，具有较高的学术造诣且有教育教学能力、具有良好的科研道德和科学献身精神。严格按照《中国农业科学院研究生院学术道德与学术行为规范》和《中国农业科学院科研道德规范》之规定律己育人。

第二条　导师职责

（一）导师应熟悉并执行国家学位条例和研究生院有关研究生招生、培养、学位工作的各项规定。导师要全面关心研究生的成长，培养学生热爱祖国、为科学事业献身的品德，在治学态度、科研道德和团结协作等方面对研究生提出严格要求。并协助科技管理处做好研究生的各项管理工作。

（二）导师应承担研究生的招生、选拔工作（命题、阅卷及复试等），并进行招生宣传。

（三）导师应定期开设研究生专业课程或举办专题讲座、教学实践活动等，严格组织学位课程考试，定期指导和检查培养方案规定的必修环节，并协助考核小组做好研究生开题报告、中期考核和博士生综合考试等工作。导师应指导研究生根据国家需要和实际条件确定论文选题和实验设计，指导研究生按时完成学位论文，配合科技管理处做好学位论文答辩的组织工作，协助有关部门做好毕业研究生的思想总结、毕业鉴定和就业指导工作。

（四）导师出国、外出讲学、因公出差等，必须落实其离所期间对研究生指导工作。离所半年以上由科技管理处审批报研究生院备案，离所一年应更换导师并暂停招生。导师应有稳定的研究方向和经费来源，年均科研经费不少于20万元。

第三条 研究生导师津贴

研究生导师津贴按照导师所培养学生（第一导师）的数量给予相应的津贴。标准为：每培养 1 名硕士研究生，导师津贴为 300 元/月，博士研究生，导师津贴为 500 元/月。可以累计计算。导师津贴从导师主持的科研项目中支付。

第四条 导师的考评

研究生院与研究所共同进行导师的考评。结合研究生培养工作和学位授予质量进行评估检查。对于不能很好履行导师职责，难以保证培养质量的导师，研究所应进行批评教育，直到提出停止其招生或终止其指导研究生的意见，报研究生院审批，同时停发导师津贴。

第五条 本办法自 2019 年 1 月 1 日起执行。

附件7：中国农业科学院兰州畜牧与兽药研究所奖励办法

为提高研究所科技自主创新能力，建立与中国农业科学院科技创新工程相适应的激励机制，推动现代农业科研院所建设，结合研究所实际情况，特制订本办法。

第一条　科研项目

研究所获得立项的各类科研项目（不包括中国农业科学院科技创新工程经费、基本科研业务费和重点实验室、中心、基地等运转费等项目），按当年留所经费（合作研究、委托试验等外拨经费除外）的5%奖励课题组。

第二条　科技成果

（一）国家科技特等奖奖励80万元，一等奖奖励40万元，二等奖奖励20万元，三等奖奖励15万元。

（二）省、部级科技特等奖奖励15万元，省部一等奖奖励10万元，二等奖奖励8万元，三等奖奖励5万元。中国农业科学院科学技术成果奖奖励10万元。

（三）甘肃省专利一等奖奖励4万元、二等奖奖励2万元、三等奖1万元。

（四）我所为第二完成单位的省部级二等奖及以上科技奖励，按照相应的级别和档次给予40%的奖励，署名个人、未署名单位或单位排名第三完成单位及以后或成果与主要完成人从事专业无关的获奖成果不予奖励。

第三条　科技论文、著作

（一）科技论文（全文）按照SCI类（包括中文期刊）、国内中文核心期刊两个级别，分不同档次奖励。

1. 发表在SCI类期刊上的论文，按照最新中科院JCR期刊分区表进行奖励。1区期刊，奖励金额为（1+影响因子）×10 000元；2区期刊，奖励金额为（1+影响因子）×7 000元；3区期刊，奖励金额为（1+影响因子）×4 000元；4区期刊，奖励金额为（1+影响因子）×2 000元。

2. 发表在国家中文核心期刊上的研究论文，按照中文核心期刊要目总览（北大版）奖励：学科排名前5%期刊论文奖励金额3 000元/篇（含综述）；学科排名前5%~25%期刊论文奖励金额1 500元/篇（不含综述）；学科排名25%以后期刊论文和《中国草食动物科学》《中兽医医药杂志》发表论文奖励金额500元/篇（不含综述）。

3. 管理方面的论文奖励按照以上相应期刊类别予以奖励。科技论文及著作的内容必须与作者所从事的专业具有高度相关性，否则不予奖励。

4. 奖励范围仅限于署名我所为第一完成单位并第一作者。农业部兽用药物创制重点实验室、农业部动物毛皮及制品质量监督检验测试中心（兰州）、农业部兰州畜产品质量安全风险评估实验室、农业部兰州黄土高原生态环境重点野外科学观测试验站、甘肃省新兽药工程重点实验室、甘肃省牦牛繁育工程重点实验室、甘肃省中兽药工程技术研究中心、中国农业科学院羊育种工程技术研究中心等所属的科研人员发表论文必须注明对应平台名称，否则不予奖励。

（二）由研究所专家作为第一撰写人正式出版的著作（论文集除外），按照专著、编著和译著（字数超过20万字）三个级别给予奖励：专著（大于20万字）1.5万元，编著（大于20万字）0.5万元，译著1.0万元（大于20万字），字数少于20万（含20万）字的专著、编著、译著和科普性著作奖励0.3万元。由研究所专家作为第一完成人正式出版的音像制品，根据播放时长，大于等于30分钟的奖励0.5万元，小于30分钟的不予奖励。

出版费由课题或研究所支付的著作及音像制品，奖励金额按照以上标准的50%执行。同一书名或同一音像制品的不同分册（卷）认定为一部著作或一套制品。

第四条　科技成果转化

专利、新兽药证书等科技成果转让资金的60%用于奖励课题组，35%作为科研成本和研究所基本支出，5%用于奖励推动科技成果转化的相关管理人员。

第五条　新兽药证书、草畜新品种、专利、新标准

（一）国家新兽药证书，一类兽药证书奖励15万元，二类兽药证书奖励8万元，三类新兽药证书奖励4万元、四类兽药证书奖励2万元，五类兽药、饲料添加剂证书及诊断试剂证书奖励1万元。我所作为第二完成单位获得国家一、二类新兽药证书的按照相应的级别和档次给予40%的奖励。

（二）国家级家畜新品种证书每项奖励15万元，国家级牧草育成新品种

证书奖励 10 万元，国家级引进、驯化或地方育成新品种证书奖励 6 万元；国家审定畜禽遗传资源、省级牧草育成新品种证书奖励 3 万元；省级引进、驯化或地方新品种证书奖励 1 万元。我所作为第二完成单位获得国家级草、畜新品种证书的按照相应的级别和档次给予 40% 的奖励，国家级家畜新品系证书按相应级别的 50% 奖励。

（三）国外专利授权证书奖励 2 万元，国家发明专利授权证书奖励 1 万元。

（四）制定并颁布的国家标准奖励 1 万元，行业标准 0.5 万元，地方标准 0.3 万元。

第六条　研究生导师津贴

研究生导师津贴按照导师所培养学生（第一导师）的数量给予相应的津贴。标准为：每培养 1 名硕士研究生，导师津贴为 300 元/月；每培养 1 名博士后、博士研究生，导师津贴为 500 元/月。可以累积计算。

第七条　文明处室、文明班组、文明职工

在研究所年度考核及文明处室、文明班组、文明职工评选活动中，获文明处室、文明班组、文明职工及年度考核优秀者称号的，给予一次性奖励。标准如下：文明处室 3 000 元，文明班组 1 500 元，文明职工 400 元，年度考核优秀 200 元。

第八条　先进集体和个人

获各级政府奖励的集体和个人，给予一次性奖励。

获奖集体奖励标准为：国家级 8 000 元，省部级 5 000 元，院厅级 3 000 元，研究所级 1 000 元，县区级 500 元。

获奖个人奖励标准为：国家级 2 000 元，省部级 1 000 元，院厅级 500 元，研究所级 300 元，县区级 200 元。

第九条　宣传报道

中央领导批示每件 5 000 元，中办、国办刊物采用稿件和省部级领导批示每件 1 000 元；人民网、央视网、新华网等相同级别网站采用稿件每篇 800 元；部办公厅刊物采用稿件每篇 500 元；农业农村部网站采用稿件每篇 400 元；院简报和院政务信息报送采用稿件每篇 300 元；院网、院报采用稿件：院网要闻或院报头版，每篇 300 元；院网、院报其他栏目，每篇 100 元；研究所中文网、英文网采用稿件每篇 50 元；其他省部级媒体发表稿件，头版奖励 300 元，其他版奖励 150 元。以上奖励以最高额度执行，不重复奖励。由办公室统计造册，经所领导审批后发放。

第十条　奖励实施

科技管理处、党办人事处、办公室按照本办法对涉及奖励的内容进行统计核对，并予以公示，提请所长办公会议通过后予以奖励。本办法所指奖励奖金均为税前金额，奖金纳税事宜，由奖金获得者负责。

第十一条　本办法经所务会议通过，自 2019 年 1 月 1 日起实施。原《中国农业科学院兰州畜牧与兽药研究所奖励办法》（农科牧药办〔2017〕80 号）同时废止。

第十二条　本办法由科技管理处、党办人事处、办公室解释。

附件8：中国农业科学院兰州畜牧与兽药研究所科研人员岗位业绩考核办法

第一条　为充分调动科研人员的能动性和创造力，推进研究所科技创新工程建设，建立有利于提高科技创新能力、多出成果、多出人才的激励机制，特制订本办法。

第二条　全体科研人员的岗位业绩考核以中国农业科学院科技创新团队为单元进行定量考核，业绩考核与绩效奖励挂钩。

第三条　岗位业绩考核以科研投入为基础，突出成果产出，结合创新团队全体成员岗位系数总和确定团队年度岗位业绩考核基础任务量。具体方法为：

（一）创新团队岗位系数的核定

创新团队岗位系数为各成员岗位系数的总和。岗位系数参照研究所《工作人员工资分配暂行办法》和《全员聘用合同制管理办法》，以团队年度实际发放数量标准核算。

（二）创新团队岗位业绩考核内容包括科研投入、科研产出、成果转化、人才队伍、科研条件和国际合作等，按照"中国农业科学院兰州畜牧与兽药研究所科研岗位业绩考核评价表"（见附件）进行赋分。创新团队各成员取得的各项指标得分总和为团队年度业绩量。

（三）年度单位岗位系数的确定

年度单位岗位系数根据年度总任务量确定。

（四）创新团队年度业绩考核基础任务量的确定

创新团队岗位系数任务量＝团队各成员岗位系数的总和×年度单位岗位系数。

创新团队年度业绩考核基础任务量＝团队各成员岗位系数任务量的总和＋团队各成员职称任务量的总和。

第四条　年初按照岗位系数确定创新团队或课题组年度岗位业绩考核基础任务量。对创新团队超额完成年度岗位业绩考核基础任务量超额部分给予绩效奖励数 200%的奖励；对未完成年度岗位业绩考核基础任务量的团队，按照未完成量的 200%给予扣除。

第五条　创新团队年度《科研人员岗位业绩考核评价表》由团队首席组织填报，科技管理处、党办人事处等相关部门审核后作为年度岗位绩效奖励的依据。

第六条　经研究所批准脱产参加学历教育、培训、公派出国留学等人员的岗位绩效奖励按照实际工作时间进行核算奖励。

第七条　本办法经所务会议通过，自 2019 年 1 月 1 日起实施。原《中国农业科学院兰州畜牧与兽药研究所科研人员岗位业绩考核办法》（农科牧药办〔2017〕80 号）同时废止。

第八条　本办法由科技管理处和党办人事处负责解释。

附：　中国农业科学院兰州畜牧与兽药研究所科研人员岗位业绩考核评价表

序号	一级指标	二级指标	统计指标	分值标准	内容	得分
1	科研投入	科研项目	国家、省部、横向等项目（单位：万元）	0.067		
2			基本科研业务费、创新工程经费（单位：万元）	0.025		
3	科研产出	获奖成果	国家最高科学技术奖	100		
4			国家级一等奖	50		
5			国家级二等奖	30		
6			省部级特等奖	25		
7			省部级一等奖、院科学技术成果奖	16		
8			省部级二等奖、省专利奖一等奖	8		
9			省部级三等奖、省专利二等奖	4		
10			省专利三等奖	2		
11		认定成果与知识产权	国审农作物、牧草新品种	8		
12			省审农作物、牧草新品种	4		
13			国家级家畜新品种	30		
14			一类新兽药	30		
15			二类新兽药	12		
16			三类新兽药、国家审定遗传资源	8		
17			四类、五类新兽药	3		
18			国家标准、行业标准	2		
19			地方标准	1		
20			发达国家发明专利	4		
21			发明专利	2		
22			植物新品种权	2		
23			饲料添加剂新产品证书	1		
24		论文著作	最新JCR一区论文	5+IF		
25			最新JCR二区论文	3+IF		
26			最新JCR三区论文	1+IF		
27			最新JCR四区论文	IF		
28			北大中文核心期刊要目学科排名前5%论文	0.8		
29			北大中文核心期刊要目学科排名前5%~25%论文	0.6		
30			北大中文核心期刊要目学科排名25%后论文	0.3		
31			所办期刊	0.2		
32			其他期刊	0.1		
33			专著	4		
34			编著	0.5		
35			译著	1		

（续表）

序号	一级指标	二级指标	统计指标	分值标准	内容	得分
36	科研产出	基础研究	撰写国家自然科学基金申请书并通过审核提交	0.5		
37			获得国家自然科学基金杰青、优青、重大、重点、创新群体等项目立项资助	10		
38			获得国家自然科学基金面上项目和国际（地区）合作项目立项资助	4		
39			获得国家自然科学基金青年基金项目立项资助	3		
40	成果转化与服务	成果经济效益	当年留所科技产业开发纯收入（单位：万元）	0.1		
41			当年留所技术转让、技术服务纯收入（单位：万元）	0.1		
42		科技兴农	主持绿色增产增效技术集成示范项目	5/4/3/0	优/良/中/差	
43			承担绿色增产增效技术集成示范项目	1/0.5/0.3/0	优/良/中/差	
44			农业农村部主推技术	2		
45		协同创新	牵头协同创新任务	3/2/1/0	优/良/中/差	
46			参与协同创新任务	1/0.5/0.3/0	优/良/中/差	
47		创新联盟	牵头承担联盟重点任务	3		
48			参与联盟重点任务	1		
49		农业基础性长期性科技工作	牵头数据中心和总中心任务	3/2/1/0		
50			参与数据中心任务	1/0.5/0.3/0		
51	人才队伍	高层次人才	顶端人才	30		
52			新增领军人才 A	15		
53			新增领军人才 B	10		
54			新增领军人才 C、省部级第一层次人才	8		
55			新增青年英才、省部级第二层次人才	5		
56		人才培养	硕士研究生毕业数	0.2		
57			博士研究生毕业数	0.4		
58			博士后出站数	1		
59	科研条件	科技平台	国家级平台	10		
60			新增省部级平台	4		

（续表）

序号	一级指标	二级指标	统计指标	分值标准	内容	得分
61	国际合作	国际合作经费	当年留所国际合作经费总额（单位：万元）	0.2		
62		国际合作平台	新增国际联合实验室	2		
63			新增国际联合研发中心	2		
64			新增科技示范基地	4		
65			新增引智基地	2		
66		国际人员交流	请进部级、校级以上代表团	4		
67			派出、请进专家人数（含国内专家3月以上）	2		
68			派出、请进专家人数（含国内专家1~3月）	1		
69			派出、请进专家人数1月内	0.2		
70		国际会议与培训	外宾人数10~30人国际会议数（含10人）	2		
71			外宾人数30人以上国际会议数（含30人）	4		
72			举办国际培训班数（15人以上）（单位：班）	2		
73		国际学术影响	参加政府代表团执行交流、磋商、谈判任务数	1		
74			重要国际学术会议主题报告数	1		
75			知名国际学术期刊或国际机构兼职数	2		

备注：所领导、处长等管理人员及挂职干部工作量按其总任务量的30%，研究室主任按90%，副主任按95%，创新团队秘书及从事公益岗位的科研人员按40%核定。团队首席在前面计算任务量的基础上再按70%核定最终任务量。绿色增产示范项目可安排1人按其40%总任务量进行核定。

第五届国际牦牛大会开幕式（2014年）

中国农业科学院时任党组副书记、副院长
唐华俊在第五届国际牦牛大会上致辞

牦牛资源与育种创新工程首席
研究员阎萍致欢迎辞

国际山地综合发展中心副总干事
艾科拉亚·沙马博士致辞

"高山美利奴羊"新品种现场审定会

高山美利奴羊种公羊　　　　　　　　高山美利奴羊种母羊

航天诱变育成牧草品种"航苜1号紫花苜蓿"

观赏野生草"陇中黄花矾松"

新兽药证书及产品

中国农业科学院兰州畜牧与兽药研究所创新团队综合评价分析

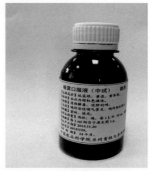

甘肃省科技进步二等奖

甘南牦牛本品种选育核心群

甘南牦牛种公牛